Oldenbourgs

Technische Handbibliothek

Band XVIII:

Das städtische Gasrohrnetz

von

Paul Brinkhaus

München und Berlin
Druck und Verlag von R. Oldenbourg
1913

Das städtische Gasrohrnetz

Seine Berechnung, sein Bau und Betrieb

Von

Paul Brinkhaus

Ingenieur

Mit 22 Tabellen, 69 Textfiguren, 20 Rechnungsbeispielen
und 8 Tafeln

München und Berlin
Druck und Verlag von R. Oldenbourg
1913

Vorwort.

Das vorliegende Handbuch ist lediglich für diejenigen Ingenieure und Techniker bestimmt, die sich mit der Rohrleitungs- und Rohrnetzfrage des Gasfaches zu beschäftigen haben. Um dem Werk eine leicht faßliche Form zu geben, ist es vermieden worden, auf umfangreiche theoretische Entwicklungen einzugehen, um selbst Anfängern Gelegenheit zu geben, sich in diese Materie einarbeiten zu können. Alle aufgestellten Gleichungen sind in eine für die Praxis brauchbare Form gekleidet worden, so daß sie jeden Zeitverlust ausschließen; denn umständliche und zeitraubende Berechnungen lassen den projektierenden Ingenieur sehr oft verleiten, nach dem Gefühl zu arbeiten.

Zahlreiche Tabellen leisten für die Praxis gute Dienste, und die aus der praktischen Tätigkeit gegriffenen Beispiele dürften sehr zur Verständlichkeit beitragen.

Da ein gleiches von mir verfaßtes Werk über Wasserrohrnetze (Das Rohrnetz städt. Wasserwerke, Verlag R. Oldenbourg, München) bereits vorliegt, so ist es unterlassen worden, dort auf Einzelheiten einzugehen, wo das Gasrohrnetz dem Wasserrohrnetz identisch ist. An den betreffenden Stellen ist daher auf die einschlägigen Abschnitte unter der Bezeichnung »D. R. st. W.« dieses Werkes hingewiesen.

Essen-Ruhr.

Der Verfasser.

Inhaltsverzeichnis.

Erster Abschnitt.
Die Berechnung von Gasrohrleitungen.

a) Allgemeine Grundlagen.

Eine dauernd einwandfreie Versorgung von Städten und Ortschaften mit Gas läßt sich nur dann ermöglichen, wenn für die Dimensionierung der Gasleitungen, Grundsätze Berücksichtigung finden, die allen eintretenden Momenten Rechnung tragen. Die Wahl der Rohrdurchmesser nach dem praktischen Gefühl ist mit dem Stande der heutigen Technik nicht mehr zu vereinbaren. Ohne jedes Studium der vorliegenden Verhältnisse ist es vollkommen ausgeschlossen, ein Rohrnetz in noch wirtschaftlichen Grenzen anzulegen.

Bei der Wahl der Rohrdurchmesser nach dem Gefühl wird man selten den wirtschaftlich günstigsten Rohrdurchmesser erwählen, vielmehr trifft man hierbei auf einen zu kleinen oder zu großen Durchmesser. Dieses Verfahren ist daher vollkommen zu verwerfen. Eine Gasleitung ist richtig bemessen, wenn der Druck in der Leitung an keiner Stelle und zu keiner Zeit soweit sinkt, daß die Versorgung der anliegenden Häuser in Frage gestellt wird. Natürlich darf hierbei nicht unterlassen werden, zu prüfen, welcher k l e i n s t e Rohrdurchmesser imstande ist, die obigen Bedingungen zu erfüllen.

In einem Rohrnetz sollte der Druck nicht unter 30 bis 40 mm Wassersäule herabsinken. Um dies zu erreichen, ist es unbedingt erforderlich, die zu erwartenden Belastungen eingehend zu studieren, um vor Überraschungen verschont zu bleiben. Da der Druck in einer Leitung mit zunehmender Belastung sinkt, so muß die Leitung so bemessen werden, daß der niedrigst zulässige Druck selbst bei der höchsten zu erwartenden Belastung nicht überschritten wird.

Weiter ist es unbedingt erforderlich, für die Berechnung von Gasleitungen eine Formel anzuwenden, deren Brauchbarkeit erprobt ist. Langjährige Erfahrungen haben gezeigt, daß die nach der Poleschen Formel berechneten Werte mit den in der Praxis erreichten Resultaten gut übereinstimmen und sich dieselbe aus diesem Grunde allgemein in die Praxis eingeführt hat.

Um den Rohrdurchmesser einer Gasleitung bestimmen zu können, muß die die Rohrleitung passierende Gasmenge in der Zeiteinheit, die Länge der Leitung und der zulässige Druckabfall bekannt sein. Die bereits oben erwähnte Gleichung zur Bestimmung des Rohrdurchmessers, des Druckverlustes usw. lautet:

$$h = \frac{660 \cdot M \cdot l \cdot s \ Q}{d^5} \tag{1}.$$

Hierin bedeutet:

Q die die Leitung passierende Gasmenge in Stdcbm,

l die Länge der Leitung in m,

d der Rohrdurchmesser der Leitung in cm,

h der Druckverlust auf die Länge l der Leitung in mm Wassersäule,

s das spezifische Gewicht des Gases, bezogen auf Luft,

M der Reibungskoeffizient des Gases.

Bei normaler Geschwindigkeit kann man $M = 0,003$ annehmen. Wie wir später sehen werden, nimmt mit zunehmender Geschwindigkeit der Reibungskoeffizient ab. Das spezifische Gewicht des Leuchtgases dürfte im Mittel zu 0,42 anzunehmen sein.

Durch Umwandlung der Gleichung (1) erhält man folgende Formel

$$Q = \sqrt{\frac{d^5 \cdot h}{1,98 \cdot s \cdot l}} \tag{2}.$$

Die Gleichung nach d hin aufgelöst gibt:

$$d = \sqrt[5]{\frac{1,98 \cdot s \cdot l \ Q^2}{h}} \tag{3}.$$

Die P o l e sche Formel ist also für alle Rechnungs-
möglichkeiten, die in der Praxis vorkommen, verwendbar.
Ist der Rohrdurchmesser und die die Leitung durch-
strömende Gasmenge bekannt, so läßt sich die in der Rohrleitung auftretende Gasgeschwindigkeit nach der allgemeinen
Gleichung

$$Q = F \cdot v$$

bestimmen. Diese Gleichung, weiter entwickelt, würde
lauten:

$$v = \frac{1,128}{d} \cdot \sqrt{Q} \tag{4}.$$

Bei einem Überdruck von p_u mm bestimmt sich v_u zu

$$\frac{10\,000}{10\,000 + p_\mathrm{u}} \cdot v.$$

1. B e i s p i e l.

Welche Gasmenge vermag eine 200 mm-Rohrleitung
bei einer Länge von 500 m und einem Druckverlust von
5 mm auf diese Länge durchzulassen, wenn das Gas ein
spezifisches Gewicht von 0,42 hat?

L ö s u n g.

Nach Gleichung (2) ist

$$Q = \sqrt{\frac{20^5 \cdot 5}{1,98 \cdot 0,42 \cdot 500}} = 196\ \text{Stdcbm}.$$

2. B e i s p i e l.

Welchen Rohrdurchmesser benötigt man bei einer Gasleitung für eine Gasmenge von 156 Stdcbm, bei einer Länge
von 420 m und bei einem Druckverlust von 4 mm auf diese
Leitungslänge?

L ö s u n g.

Nach Gleichung (3) bestimmt sich der Rohrdurchmesser zu

$$d = \sqrt[5]{\frac{1,98 \cdot 0,42 \cdot 420 \cdot 156^2}{4}} = 24,31\ \text{cm};$$

zu wählen wäre somit ein Rohrdurchmesser von $d =$
250 mm.

3. Beispiel.

Wie groß ist der Druckverlust bei einer 150 mm-Leitung von 310 m Länge und einer Durchflußmenge von 96 Stdcbm?

Lösung.

Nach Gleichung (1) ist

$$h = \frac{1,98 \cdot 0,42 \cdot 310 \cdot 96^2}{15^5} = 3,13 \text{ mm.}$$

Diese Beispiele dürften genügen, um sich mit dem Gebrauch der Gleichungen (1) bis (3) vertraut gemacht zu haben.

Dieser Rechnungsgang war der bisher allgemein übliche. Die Erfahrung hat jedoch gezeigt, daß diese Gleichung an Übersichtlichkeit leidet und zeitraubend ist. Betrachten wir dagegen die Gleichungen wie sie im Wasserleitungsbau üblich sind, so wird man finden, daß diese Methode letzterer gegenüber noch viel zu wünschen übrig läßt. Um die Druckgefällslinien auch für Gasrohrleitungsberechnungen einführen zu können, worauf noch an anderer Stelle genauer eingegangen wird, ist die Umarbeitung der Pole schen Gleichung nach den im Wasserrohrleitungsbau geltenden Grundsätzen unbedingt erforderlich. Eine Berechnung von Gasrohrleitungen in wirtschaftlicher Beziehung wäre sonst vollkommen ausgeschlossen, wenigstens mit erheblichen Schwierigkeiten verknüpft.

Dividiert man den Druckverlust h durch die Länge l der Leitung, so erhält man den Reibungsverlust, der auf einen Meter Rohrleitung entfällt. Diesen Wert kann man den Druckverlust für die Längeneinheit oder den spezifischen Druckabfall nennen. Bezeichnet man den spezifischen Druckverlust mit ε, so ist

$$\varepsilon = \frac{h}{l} \quad \cdot \quad \cdot \quad \cdot \quad \cdot \quad \cdot \quad \cdot \quad (5).$$

Dieser Wert $\frac{h}{l}$ kommt auch in Gleichung (2) vor. Setzt man dafür ε in diese Formel ein, so erhält man:

$$Q = \sqrt{\frac{d^5}{1,98 \cdot s} \cdot \varepsilon}.$$

Diese Gleichung kann auch, wie folgt, geschrieben werden:

$$Q = \sqrt{\frac{1}{1{,}98 \cdot s}} \cdot \sqrt{d^5 \cdot \varepsilon}.$$

Bezeichnet man den ersten Wurzelausdruck obiger Gleichung mit k, so ist

$$Q = k \sqrt{d^5 \cdot \varepsilon} \quad . \quad . \quad . \quad . \quad . \quad . \quad (6).$$

Die Gleichung (2) hat durch diese Umwandlung so einfache Form angenommen, daß ohne weiteres zu erkennen ist, welche Vorteile diese für umfangreiche Berechnungen bietet. In der folgenden Tabelle 1 sind die Werte von k für die verschiedenen spezifischen Gewichte des Gases zusammengestellt.

Tabelle 1.

Spez. Gewicht des Gases	0,38	0,39	0,40	0,41	0,42	0,43	0,44	0,45	0,46	0,47	0,48
k	1,153	1,138	1,124	1,110	1,097	1,084	1,072	1,059	1,048	1,037	1,028
C	0,949	0,950	0,954	0,959	0,964	0,968	0,973	0,977	0,982	0,986	0,990

Aus Gleichung 6 läßt sich auch der Rohrdurchmesser bestimmen, dieser ist:

$$d = \sqrt[5]{\frac{Q^2}{k^2 \cdot \varepsilon}}.$$

Zerlegt man diese Gleichung, wie folgt, so wird an der Formel eine Änderung nicht vorgenommen.

$$d = \sqrt[5]{\frac{1}{k^2}} \cdot \sqrt[5]{\frac{Q^2}{\varepsilon}}.$$

Setzt man für den ersten Wert dieser Gleichung C, so würde die Gleichung lauten:

$$d = C \sqrt[5]{\frac{Q^2}{\varepsilon}} \quad . \qquad (7).$$

Die Werte von C sind für die verschiedenen spezifischen Gewichte ermittelt und in Tabelle 1 eingetragen.

In gleicher Weise läßt sich auch der Druckverlust h einer Leitung mit dieser Gleichung berechnen. Anstatt des Wertes ε wird $\dfrac{h}{l}$ gesetzt und erhält somit die Formel

$$h = \frac{Q^2 \cdot l}{k^2 \cdot d^5} \quad \cdots \cdots \quad (8).$$

Diese drei letzten Gleichungen haben auf diese Weise dieselbe Form angenommen, wie sie für den Wasserleitungsbau gebräuchlich sind.

4. Beispiel.

Was leistet ein 225 mm-Rohr bei 285 m Länge und einem Druckverlust von 3 mm, bei einem spezifischen Gewicht von $s = 0,43$?

Lösung:

Nach Gleichung (5) ist $\varepsilon = \dfrac{3}{285} = 0,0105$ und nach Tabelle 1 ist für $s = 0,43$, $k = 1,084$. Mithin ist

$$Q = 1,084 \, \sqrt{22,5^5 \cdot 0,0105} = 226,7 \text{ Stdcbm.}$$

Wie wir sehen, gestaltet sich die Berechnung nach diesen Gleichungen erheblich einfacher.

b) Die Druckverhältnisse in einer Gasrohrleitung.

Zwecks Feststellung der in einer Gasleitung auftretenden Drucke denken wir uns eine, von einem unter konstantem Druck p_a (in mm Wassersäule) stehenden Behälter, gespeiste Leitung $A - B$ (Fig. 1). Von allen Nebenerscheinungen vorerst abgesehen, herrscht an jedem Punkt der Leitung der Druck $p_a = p_x$, da sich Gase mit gleicher Kraft nach allen Seiten hin auszubreiten suchen. Natürlich trifft dies nur zu, wenn die Gase sich in Ruhe befinden. Zeichnerisch die Drucke p als Ordinaten aufgetragen, erhält man die Linie $A_1 - B_1$.

Da wir aber mit Gasen zu rechnen haben, die sich in der Leitung fortbewegen, so tritt an den Rohrwandungen und unter den Gasteilchen selbst Reibung auf. Die auftretenden Reibungswiderstände nehmen selbstverständlich mit der Länge der Leitung zu. Da eine andere bewegende Kraft, wie p_a, nicht vorhanden ist, so kann die zur Überwindung der Reibungswiderstände erforderliche Kraft nur dem Anfangsdruck entzogen werden, es muß also der Druck p_a mit der Länge der Leitung abnehmen. Bezeichnet h_x den jeweiligen Reibungsverlust auf die Rohrlänge l_x, so ist

$$p_0 = p_a - h_x.$$

Würde man die entsprechenden Werte von h_x, von der p_a-Kurve nach abwärts auftragen, so erhält man die $p_a - h_x$-Kurve. Diese Linie zeigt den an jedem Punkt der Leitung herrschenden Druck an.

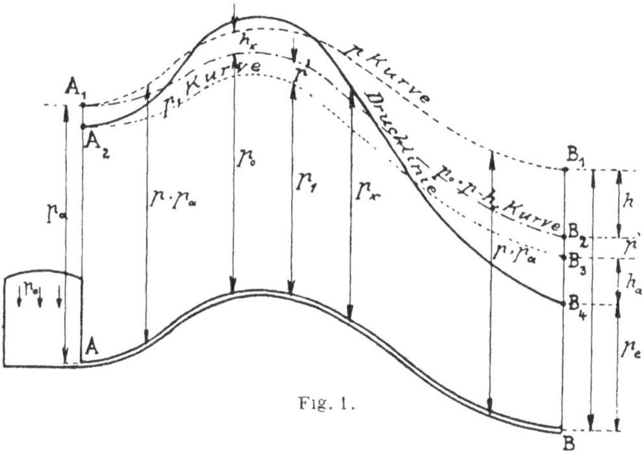

Fig. 1.

Bisher wurden erst die Reibungsverluste berücksichtigt. Um dem Gas eine bestimmte Geschwindigkeit v zu erteilen, ist eine weitere Kraft bzw. weiterer Druck erforderlich. Die hierzu notwendige Druckhöhe ist

$$p' = \frac{v^2 s}{2 g} \qquad (9),$$

welche man auch die Geschwindigkeitshöhe nennt. In dieser Gleichung ist

p' die erforderliche Druckhöhe in mm Wassersäule,
v die Geschwindigkeit in der Rohrleitung in Sekm,
s das spezifische Gewicht des Gases,
g die Erdbeschleunigung (9,81).

Um diesen Wert p' vermindert sich daher noch die Druck-
höhe in der Leitung. Konstruiert man diese Kurve in gleicher
Weise wie die p_0-Kurve, so erhält man die Kurve $A_2 - B_3$.
Die Werte dieser Linie sind somit

$$p_1 = p_a - h_x - \frac{v^2 \, s}{2 \, g}.$$

Der letzte Wert ist bei normalen Gasleitungen (Hochdruckleitungen ausgeschlossen) so gering, daß man in der Praxis
diesen Wert unberücksichtigt läßt.

Da wir es aber mit einem spezifisch leichteren Stoff als
die Luft zu tun haben, so macht sich in der Leitung der Auftrieb des Gases bemerkbar. Bei allen höher liegenden Punkten
der Leitung als der Ausgangspunkt der Leitung macht sich somit eine Druckerhöhung und bei allen tiefer liegenden Punkten
eine Druckverminderung gegenüber dem Anfangsdruck bemerkbar.

Der Auftrieb eines Gases vom spezifischen Gewicht s,
bezogen auf die Luft, beträgt

$$A = z \cdot G \, (1 - s) \quad \ldots \ldots \quad (10),$$

wenn z die Höhendifferenz gegenüber dem Ausgangspunkt
    und
G das Gewicht eines cbm Luft bedeutet.

Hier soll mit h_z die Druckzunahme in mm,
    » h_a » Druckabnahme in mm,
    » z' » Geländeerhöhung in m und
    » z » Geländeabnahme in m,
bezogen auf den Ausgangspunkt der Leitung, bezeichnet
werden.

Die Gleichung (10) nimmt daher die Form an:
$$h_z \text{ oder } h_a = (z' \text{ oder } z) \, G \, (1 - s).$$

Es ist genügend genau, den cbm Luft zu 1,293 kg
anzunehmen. Trägt man die jeweiligen Werte von h_a oder
h_z, wie in Fig. 1 geschehen, auf, so erhält man d i e L i n i e
d e r D r u c k h ö h e n oder d i e D r u c k l i n i e, welche
in normalen Fällen, bei nicht zu hohen Werten von p',
als d i e L i n i e d e s D r u c k v e r l u s t e s oder a l s
G e f ä l l s l i n i e angesehen werden kann.

Demnach ist der an jeden Punkt einer Gasleitung auftretende tatsächliche Druck

$$p_x = p_a - h_x - \frac{v^2 s}{2 g} + h_z \text{ oder } - h_a \quad . \quad . \text{ (11).}$$

Bezeichnet man den Wert G $(1 - s)$ der Gleichung (10) mit m, so ist $\quad h_a \text{ oder } h_z = z' \cdot m \text{ oder } z \; m \quad . \quad . \quad . \text{ (12).}$

Die Werte von m sind in der folgenden Tabelle 2 für die verschiedenen spezifischen Gewichte des Gases zusammengestellt.

Tabelle 2.

Spez Gewicht des Gases	0,38	0,39	0,40	0,41	0,42	0,43	0,44	0,45	0,46
m	0,802	0,789	0,776	0,763	0,750	0,737	0,724	0,711	0,698

Aus vorstehendem ist klar zu ersehen, wie umständlich die Aufzeichnung der Drucklinie ist. Fig. 1 zeigt, wie verworren ein solches Bild aussieht, daher fällt vollständig der Anspruch auf Übersichtlichkeit. Dieser Grund gibt Veranlassung, im nächsten Abschnitt die Darstellung der Druckverhältnisse in einfacher Weise zu lösen.

5. Beispiel.

Eine Gasleitung ist von ihrem Ausgangspunkt um 12,6 m gestiegen, wie groß ist die Druckerhöhung durch die Steigung der Leitung bei einem spez. Gewicht von $s = 0,40$?

Lösung.

Nach der Tabelle 2 ist für $s = 0,40$, $m = 0,776$. Mithin nach Gleichung 12

$$h_z = 12,60 \cdot 0,776 = 9,77 \text{ mm.}$$

c) Konstruktion der Druckgefällslinie.

Es dürfte vielen bekannt sein, welche Vorteile mit dem Aufzeichnen der Drucklinie bei Berechnung von Rohrleitungen verknüpft sind. Dieses ermöglicht das Abgreifen des Druckes an jedem Punkte der Leitung und gestaltet die Berechnung sehr übersichtlich.

Diese nicht zu unterschätzenden Vorteile der Drucklinie sollen auch bei der Berechnung von Gasrohrleitungen angewandt werden. Für die Bestimmung der wirtschaftlichen Rohrdurchmesser ist die Drucklinie unumgänglich. Bevor man zur unmittelbaren Aufzeichnung der Gefällslinie schreiten kann, nach der Art wie sie im Wasserbau gebräuchlich sind, ist hier eine Hilfskonstruktion erforderlich. Die Hilfskonstruktion wird, wie folgt, aufgezeichnet.

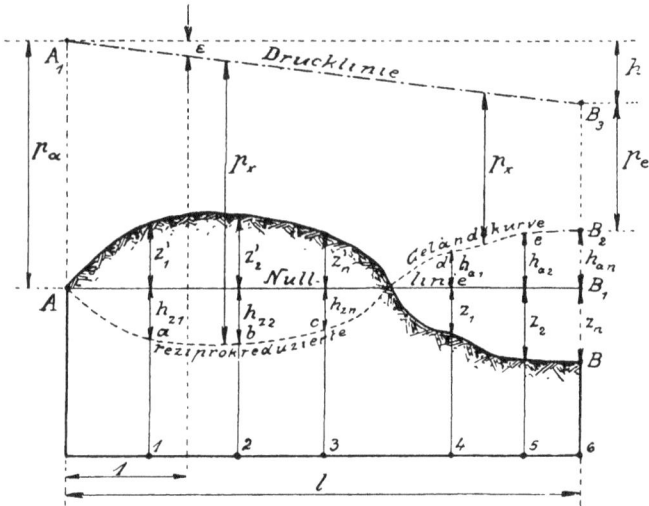

Fig. 2.

Zuerst zeichnet man den Höhenplan der Leitungstrasse (siehe Fig. 2). Zieht die Horizontale $A - B_1$, die sog. N u l l - l i n i e. Teilt hierauf die Leitungslänge in beliebig große Teile und erhält die Punkte 1, 2 usw. Greift die in die Teilpunkte fallenden Werte z_1', z_2' ... z_n' und z_1, z_2 ... z_n ab, berechnet nach Gleichung (12) die Werte von h_a und h_z und trägt diese, bei der Nullinie ($A - B_1$) beginnend, reziprok den Werten z_n' und z_n auf. Auf diese Weise erhält man die Punkte a, b, c usw. und verbindet diese Punkte durch eine Kurve. Diese Linie ist in Fig. 2 punktiert gezeichnet und mit »r e z i p r o k r e d u z i e r t e   G e l ä n d e k u r v e« bezeichnet.

Bei allen Rohrleitungsberechnungen ist der Anfangsdruck p_a bekannt und der Enddruck p_e richtet sich nach den jeweiligen Verhältnissen.   Um die Drucklinie zeichnen zu können, trägt man p_a bei A und p_e bei B_2 beginnend auf und erhält die Punkte A_1 und B_3.   Diese beiden Punkte verbindet man und hat damit die D r u c k g e f ä l l s l i n i e konstruiert.

Die Höhen von der reziprokreduzierten Geländekurve bis zur Drucklinie sind die jeweiligen Druckhöhen in der Leitung.

Für die Höhen der Leitungstrasse kann jeder beliebige Maßstab gewählt werden, während man die Höhen von h_{an}, h_{zn}, p_a und p_e in Millimeter aufträgt, um die Druckhöhen konform dem üblichen Gebrauch in Millimetern abgreifen zu können.

Der Reibungsverlust auf der ganzen Rohrstrecke beträgt h und ist

$$h = p_a - \left(p_e \begin{smallmatrix} + h_a \\ \text{oder} \\ - h_z \end{smallmatrix}\right) \quad . \quad . \quad . \quad . \quad (13).$$

d) Die Berechnung von Rohrleitungen bei den verschiedensten Belastungsfällen.

1. Leitungen mit konstanter Belastung.

Am einfachsten gestaltet sich die Berechnung von Gasrohrleitungen, wenn diese auf der ganzen Länge gleichmäßig beansprucht sind. (Siehe Fig. 3.)   In diesem Falle gilt für die

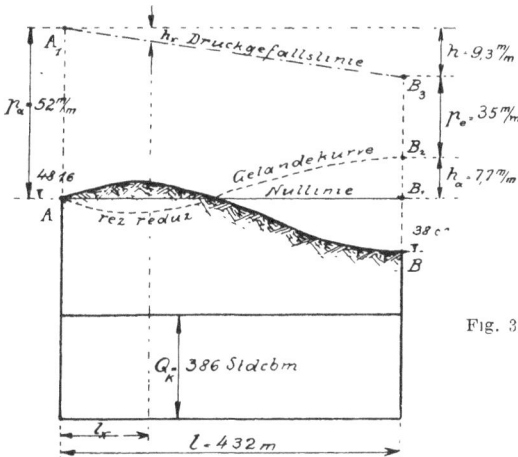

Fig. 3.

Ermittlung der Leistungsfähigkeit Q die Gleichung (6), für die Bestimmung des Rohrdurchmessers die Formel (7), und der Druckverlust h berechnet sich nach Gleichung (8).

6. Beispiel.

Wie groß ist der Rohrdurchmesser einer Leitung von 432 m Länge und einer Belastung von 386 Stdcbm zu wählen, bei einem spezifischen Gewicht des Gases von $s = 0,41$? Der Anfangsdruck beträgt 52 mm und am Ende soll ein Druck von 35 mm zur Verfügung stehen. Die Höhen der Leitungstrasse gehen aus Fig. 2 hervor.

Lösung.

Am Ende der Leitung beträgt $z = 48,16 - 38,08 = 10,08$ m. Mithin beträgt die Druckabnahme durch das Fallen des Geländes am Ende der Leitung nach Gleichung (12)
$$h_a = 10,08 \cdot 0,763 = 7,7 \text{ mm.}$$

Das zur Verfügung stehende Reibungsgefälle beträgt somit nach Gleichung (13)
$$h = 52 - (35 + 7,7) = 9,3 \text{ mm.}$$

Nach Gleichung (5) ist
$$\varepsilon = \frac{9,3}{432} = 0,0215.$$

Nach Gleichung (7) ist
$$d = 0,959 \sqrt[5]{\frac{386^2}{0,0215}} = 22,39 \text{ cm.}$$

Gewählt wird ein Rohr von 225 mm lichte Weite.

7. Beispiel.

Wie groß ist der Druckabfall bzw. Enddruck zu vorigem Beispiel, wenn, wie oben angegeben, ein Rohr von 225 mm lichte Weite gewählt wird und die Belastung die gleiche bleibt?

Lösung.

Es bestimmt sich nach Gleichung (8) der Druckverlust zu
$$h = \frac{386^2 \cdot 432}{1,110^2 \cdot 22,5^5} = 9,1 \text{ mm.}$$

Mithin ist der Enddruck nach Gleichung (13)
$$p_e = 52 - (9,1 + 7,7) = 35,3 \text{ mm}.$$

8. Beispiel.

Wieviel Stdcbm leistet das im 6. Beispiel ermittelte Rohr von 225 mm Lichtweite, bei einem wie in der Aufgabe gestellten Enddruck von 35 mm?

Lösung.

Wie in dem 5. Beispiel ermittelt wurde, darf bei einem Enddruck von 35 mm das Reibungsgefälle 9,3 mm betragen. Es wurde ein spezifisches Druckgefälle von 0,0215 ermittelt. Demnach ist nach Gleichung (6)

$$Q = 1,110 \sqrt{22,5^5 \cdot 0,0215} = 390,7 \text{ Stdcbm}.$$

2. Leitungen mit verschieden großen konstanten Belastungsstrecken.

Wie aus den Fig. 4 und 5 zu ersehen ist, hat man es hier lediglich mit einer Aufeinanderfolge des vorher be-

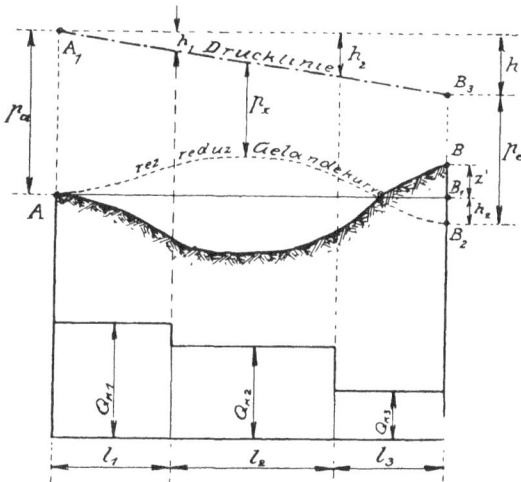

Fig. 4.

handelten Falles zu tun. Daher erfolgt auch die Berechnung solcher Leitungen in der gleichen Weise wie es dort

beschrieben wurde, nur mit dem Unterschied, daß jede Belastungsstrecke für sich behandelt wird.

Bei langen Leitungen und wechselreichem Gelände ist
darauf zu achten, falls die Drucklinie als gerade Linie gewählt
wird, daß der geringste zulässige Druck an keiner Stelle unterschritten wird. Trifft dies zu, so muß in einem solchen Falle
der Gefällslinie eine gebrochene Form gegeben werden, wie

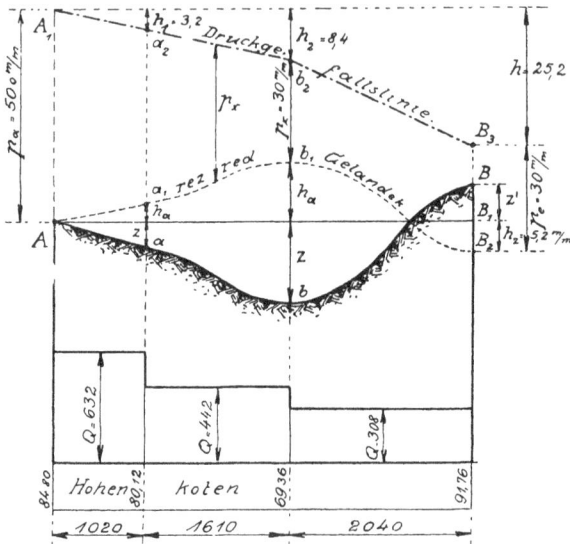

Fig. 5.

es in Fig. 5 geschehen ist. Es gelten somit für die Berechnung
von Rohrleitungen mit diesem Belastungsfall ebenfalls die
Gleichungen (6) bis (8). Der gesamte Druckverlust einer
solchen Leitung ist

$$h = h_1 + h_2 + \cdots h_n = \Sigma h_n \quad . \quad . \quad . \quad . \quad (14).$$

9. Beispiel.

Welche Rohrdurchmesser sind zu wählen für die in Fig. 5
angegebenen Belastungen und Längen? Der Anfangsdruck
beträgt 50 mm. Die Gefällslinie ist so zu wählen, daß ein
Druck von 30 mm an keiner Stelle unterschritten wird. Das
spezifische Gewicht des Gases beträgt $s = 0{,}42$.

Lösung.

Zuerst wäre die reziprokreduzierte Geländekurve zu konstruieren. Die Werte von h_a und h_z bestimmen sich nach Gleichung (12).

Es ist

bei a: $h_a = (84,80 - 80,12) \cdot 0,75 \ = \ 3,5\,\text{mm}$,

» b: $h_a = (84,80 - 69,36) \cdot 0,75 \ = 11,6$ »

» B: $h_z = (91,76 - 84,80) \cdot 0,75 \ = \ 5,2$ »

Nach Auftragen dieser Höhen von der Nullinie aus läßt sich die reziprokreduzierte Geländekurve $A - B_2$ ziehen. Hat man p_a und p_e bei A bzw. B_2 aufgetragen, so kann man die Drucklinie $A_1 - B_3$ ziehen. Greift man die niedrigste Druckhöhe bei b_1 ab, so findet man, daß diese nicht die in der Aufgabe gestellte Höhe von 30 mm erreicht. Die Druckgefällslinie ist daher höher zu legen, bzw. an diesem Punkte zu brechen und muß den Verlauf $A_1 - b_2 - B_3$ annehmen.

Das Reibungsgefälle von A_1 nach b_2 beträgt (Gl. 13).

$$h_2 = 50 - (11,6 - 30,0) = 8,4\,\text{mm}.$$

Es verhält sich $\dfrac{h_2}{h_1} = \dfrac{1020 + 1610}{1020}$, mithin ist

$$h_1 = \frac{h_2 \cdot 1020}{1020 + 1640} = 3,2\,\text{mm}.$$

Weiter ist (Gl. 13).

$$h = 50 - (30 - 5,2) = 25,2\,\text{mm}.$$

Für die Bestimmung der Lichtweiten der Rohrdurchmesser sind somit sämtliche Werte bekannt. Für die erste Rohrstrecke ist

$$\varepsilon = \frac{3,2}{1020} = 0,00313.$$

Demnach gemäß Gleichung (7)

$$d = 0,964 \sqrt[5]{\frac{632^2}{0,00313}} = 37,6\,\text{cm};$$

zu wählen wäre ein Rohrdurchmesser von 375 mm. Für diesen Durchmesser ist der Druckverlust nach Gleichung (8)

$$h = \frac{632^2 \cdot 1020}{1,097^2 \cdot 37,5^5} = 3,2\,\text{mm}.$$

Das zur Verfügung stehende Gefälle für die nächste Teilstrecke ist somit

$$h = 8,4 - 3,2 = 5,2 \text{ mm}.$$

Das spezifische Gefälle ist

$$\varepsilon = \frac{5,2}{1610} = 0,00322.$$

Der hierfür erforderliche Rohrdurchmesser ist nach Formel (8)

$$d = 0,964 \sqrt[5]{\frac{442^2}{0,00322}} = 34,7 \text{ cm}.$$

Gewählt sei ein 350 mm-Rohr. Bei diesem Rohrdurchmesser ist der eintretende Druckverlust

$$h = \frac{442^2 \cdot 1610}{1,097^2 \cdot 35^5} = 4,98 \sim 5,0 \text{ mm}.$$

Der Druckverlust ist also um 0,2 mm niedriger. Der verfügbare Druckverlust für die letzte Rohrstrecke ist somit

$$h = 25,2 - [3,2 + (5,2 - 0,2)] = 17,0 \text{ mm}.$$

Somit

$$\varepsilon = \frac{17,0}{2040} = 0,0083.$$

Der für dieses Gefälle erforderliche Rohrdurchmesser ist

$$d = 0,964 \sqrt[5]{\frac{308^2}{0,0083}} = 24,9 \text{ cm}.$$

Es wäre also ein 250 mm-Rohr zu wählen.

3. Leitungen mit gleichmäßiger Gasentnahme.

Betrachtet man die Hausanschlüsse als gleichmäßige Gasentnahmestellen, so kann man jede Teilstrecke in Rohrnetzen, die zwischen zwei Straßenkreuzungspunkten liegt, als einen derartigen Belastungsfall ansehen. Hier ist die Druckgefällslinie, gleiche Rohrdurchmesser vorausgesetzt, nicht eine gerade Linie, sondern eine schwach gekrümmte Kurve. (Siehe Fig. 6.) Bezeichnet man die auf die Längeneinheit entnommene Gasmenge mit q, die anfängliche Belastung mit Q_a und die Belastung am Ende der Leitung mit Q_e, so ist

$$Q_a - Q_e = q \cdot l,$$

hieraus

$$Q_a = Q_e + q \cdot l.$$

Der Druckverlust für diesen Fall berechnet sich nach der Gleichung

$$h = \frac{l}{k^2 \cdot d^5}\left(\frac{(q \cdot l)^2}{3} + q \cdot l \cdot Q_e + Q_e{}^2\right) \quad . \quad . \quad . \quad (16).$$

Es kann auch der Fall eintreten, daß Q_e Null ist, wie es in Fig. 9 dargestellt ist, so bestimmt sich h zu

$$h = \frac{l}{k^2 \cdot d^5} \cdot \frac{(q \cdot l)^2}{3} \quad . \quad . \quad . \quad . \quad (17).$$

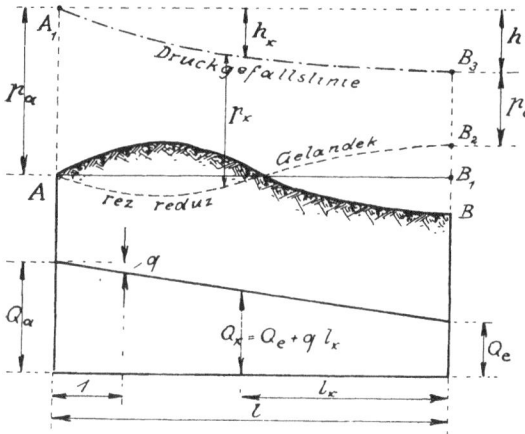

Fig. 6.

Ohne einen ausschlaggebenden Fehler zu begehen, kann man den Druckverlust auch nach Gleichung (8) berechnen, wenn man für $Q = \dfrac{Q_a + Q_e}{2}$ einsetzt. Demnach ist

$$h = \frac{(Q_a + Q_e)^2 \cdot l}{4\,k^2 \cdot d^5} \quad . \qquad . \quad (18),$$

oder wenn $Q_e = 0$, so ist

$$h = \frac{Q_a{}^2 \cdot l}{4 \cdot k^2 \cdot d^5} \qquad . \quad (19).$$

Der Rohrdurchmesser bestimmt sich nach Gleichung (16) zu

$$d = C \sqrt[5]{\frac{1}{\varepsilon}\left(\frac{(q \cdot l)^2}{3} + q \cdot l \cdot Q_e + Q_e{}^2\right)} \quad . \quad . \quad . \quad (20),$$

oder wenn $Q_e = 0$ ist, so ist

$$d = C \sqrt[5]{\frac{(q \cdot l)^2}{\varepsilon \cdot 3}} \quad \cdot \quad \cdot \quad \cdot \quad \cdot \quad \cdot \quad (21).$$

Für diesen Belastungsfall ein Beispiel durchzurechnen, dürfte sich erübrigen, da man nur in ganz außergewöhnlichen Fällen in die Lage kommen wird, eine Leitung mit dieser Belastungsart durchzurechnen.

4. Leitungen mit Aneinanderreihung von konstanten Belastungsstrecken und gleichmäßiger Gasentnahme.

Die untenstehende Fig. 7 zeigt das Diagramm einer Gasrohrleitung mit obigem Belastungsfall. Am häufigsten

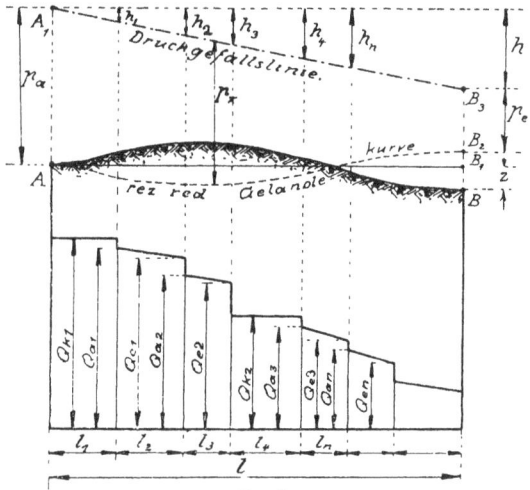

Fig. 7.

trifft man Leitungen, die derartig belastet sind, bei Rohrnetzberechnungen an. Jeder größere Versorgungsstrang ist als eine Leitung mit diesen Belastungsfall anzusehen.

Zur Ermittlung des Druckverlustes h bestimmt man für jeden Belastungsteil das Reibungsgefälle und summiert die erhaltenen Werte; also

$$h = \Sigma\, h_n.$$

Für die Belastungsstrecken mit konstanter Belastung benutzt man die Gleichung (8), und für die Strecken mit gleichmäßiger Gasentnahme wendet man zweckmäßig die Formel (18) an.

Auch hier soll von der Durchrechnung eines Beispieles abgesehen werden, da wir später diesen Fall noch eingehender kennen lernen.

e) Das Verhältnis der Leistungsfähigkeit von mehreren untereinander verbundenen [Gasleitungen.

Vielfach kommt es vor, daß zwei oder mehrere Leitungen von verschieden großen Rohrdurchmessern zu demselben Gasbehälter usw. führen. Für solche Leitungen den Druckverlust zu bestimmen ist ohne weiteres nicht möglich, da nicht bekannt ist, welcher Anteil von der gesamten durchströmenden Gasmenge auf jedes einzelne Rohr entfällt. Um dies ermitteln zu können, sind weitere Untersuchungen notwendig.

Im ersten Abschnitt wurde die Gleichung

$$Q = k \sqrt{d^5 \cdot \varepsilon}$$

aufgestellt. Die Leistungsfähigkeit zweier Leitungen verhalten sich:

$$\frac{Q_1}{Q_2} = \frac{k \sqrt{d_1{}^5 \cdot \varepsilon_1}}{k \sqrt{d_2{}^5 \cdot \varepsilon_2}} \quad \text{oder} \quad \frac{k \sqrt{d_1{}^5 \dfrac{h}{l_1}}}{k \sqrt{d_2{}^5 \dfrac{h}{l_2}}}$$

$$\frac{Q_1}{Q_2} = \frac{\sqrt{d_1{}^5 \cdot l_2}}{\sqrt{d_2{}^5 \cdot l_1}} \ . \qquad\qquad . \ (22).$$

Öfters sind die Längen beider Leitungen einander gleich, mithin ist $l_1 = l_2$ und in diesem Falle ist

$$\frac{Q_1}{Q_2} = \frac{\sqrt{d_1{}^5}}{\sqrt{d_2{}^5}} \ . \qquad\qquad . \ . \ (23).$$

Kommen drei oder mehrere Leitungen in Frage, so stellt man das Verhältnis Q_1 zu Q_3 auf, somit ist

$$\frac{Q_1}{Q_3} = \frac{\sqrt{d_1{}^5 \cdot l_3}}{\sqrt{d_2{}^5 \cdot l_1}} \qquad\qquad . \ (24).$$

Für jede weitere Leitung verfährt man in der gleichen Weise und setzt den Wert von Q_1 jeweils gleich 1.

Hat man auf diese Weise die die Leitung durchströmenden Gasmengen ermittelt, so läßt sich ohne weiteres der Druckverlust nach Gleichung (8) ermitteln. Der Druckabfall ist für alle Leitungen gleich groß, da diese untereinander verbunden sind.

10. Beispiel.

Von einem Gaswerk zu einer Behälterstation führen zwei Leitungen, eine von 200 mm- und eine von 250 mm lichte Weite. Beide Leitungen fördern zusammen eine Gasmenge von 812 Stdcbm. Die Leitungslängen betragen 820 und 1160 m. Welche Gasmenge führt die 200 mm und welche die 250 mm-Leitung?

Lösung.

Nach Gleichung (22) ist

$$\frac{Q_1}{Q_2} = \frac{\sqrt{20,0^5 \cdot 1160}}{\sqrt{25,0^5 \cdot 820}} = \frac{1}{2,16}.$$

Mithin ist

$$Q_1 = \frac{812}{1+2,16} \cdot 1 = 257 \text{ Stdcbm}$$

und

$$Q_2 = \frac{812}{1+2,16} \, 2,16 = 555 \text{ Stdcbm}.$$

11. Beispiel.

Von einem Gasbehälter laufen drei Leitungen, und zwar von 150, 200 und 250 mm lichte Weite auf 630 m parallel, bevor sie sich vereinigen. Die Leitungen fördern insgesamt 766 Stdcbm. Wieviel cbm fördert jede Leitung und wie hoch ist der Druckverlust?

Lösung.

Nach Gleichung (23) und (24) ist

$$\frac{Q_1}{Q_2} = \frac{\sqrt{15^5}}{\sqrt{20^5}} = \frac{1}{2,04}$$

$$\frac{Q_1}{Q_3} = \frac{\sqrt{15^5}}{\sqrt{25^5}} = \frac{1}{3,59}.$$

Die Durchflußmengen verhalten sich also wie $1 : 2,04 : 3,59$. Dies sind insgesamt $1 + 2,04 + 3,59 = 6,63$ Teile. Somit ist

$$Q_1 = \frac{766}{6,63} \cdot 1 \quad = 115 \text{ Stdcbm},$$

$$Q_2 = \frac{766}{6,63} \cdot 2,04 = 236 \text{ Stdcbm},$$

$$Q_3 = \frac{766}{6,63} \cdot 3,59 = 414 \text{ Stdcbm}.$$

Da nun die Belastungen bekannt sind, so läßt sich auch der Druckverlust bestimmen. Nach Formel (8) ist

$$h = \frac{115^2 \cdot 630}{1,097^2 \cdot 15^5} = 7,2 \text{ mm}.$$

f) Tabellarische Bestimmung der Rohrdurchmesser, der Druckverluste und der Leistungsfähigkeit von Gasrohrleitungen.

Die wenigen Beispiele haben gezeigt, welchen Zeitaufwand die genaue Durchrechnung von Gasleitungen erfordert, trotz der aufgestellten einfachen Gleichungen. Für die Praxis ist es daher unbedingt erforderlich, einfachere Methoden ausfindig zu machen, um alle Durchrechnungen schnell und sicher lösen zu können. Zu diesem Zweck sind die nachstehenden Tabellen 3 und 4 aufgestellt, die, wie wir später sehen werden, jede Rechnungsmöglichkeit gestatten. Mit Hilfe dieser Tabellen können bestimmt werden: die Rohrdurchmesser, die Leistungsfähigkeit von Gasrohrleitungen und deren Druckverluste sowie die auftretenden Druckverluste. Besonders bei Rohrnetzberechnungen bieten diese Tabellen die beste und sicherste Handhabe, um schnell und ohne besondere Anstrengungen zum Ziele zu gelangen.

Die in den Tabellen nicht angegebenen Zwischenwerte werden durch Interpolation gefunden. Wird ein Zwischenwert von Q gesucht, hier mit Q_x bezeichnet, so ist

$$Q_x = Q' - \frac{D_Q}{D_\varepsilon} \cdot (\varepsilon' - \varepsilon_x) \ . \qquad . \ (25).$$

In dieser Gleichung bedeutet:

Q' der nächst höchste in der Tabelle angegebene Wert gegenüber von Q_x,

D_Q die Differenz des in der Tabelle angegebenen nächsthöchsten und nächstniedrigsten Wertes von Q,

D_ε die Differenz des in der Tabelle angegebenen nächsthöchsten und nächstniedrigsten Wertes von ε,

ε' der in der Tabelle angegebene nächsthöhere Wert von ε gegenüber ε_x,

ε_x der gegebene Wert von ε.

Wird ε_x gesucht, so ist

$$\varepsilon_x = \varepsilon' - \frac{D_\varepsilon}{D_Q} \cdot (Q' - Q_x) \qquad . \qquad (26),$$

Die zugehörige Geschwindigkeit zu Q_x ist

$$v_x = v' - \frac{D_v}{D_Q}(Q' - Q_x) \qquad . \quad (27).$$

Hierin ist:

D_v die Differenz des in der Tabelle angegebenen nächsthöchsten und nächstniedrigsten Wertes von v_x,

v' der in der Tabelle angegebene nächsthöhere Wert von v gegenüber v_x.

Den Wert der Tabellen wird man in den noch folgenden Abschnitten ganz besonders schätzen lernen. Um sich mit dem Gebrauch der Tabellen vertraut zu machen, sollen mehrere Beispiele durchgerechnet werden.

Die in den Tabellen 3 und 4 angegebenen Werte von v beziehen sich im Grunde genommen auf einen Druck von 0 mm. Da die Volumenverminderung durch die niederen Drücke nur sehr gering ist, so können die Werte, ohne einen nennenswerten Fehler zu begehen, angenommen werden.

TABELLEN

zur Bestimmung der Rohrdurchmesser, des
Druckverlustes und der Gasgeschwindigkeiten
für Gasrohrleitungen, sowie der Leistungsfähigkeit bei gegebenem Rohrdurchmesser.

Tabelle 3.   I. Bei einem spezifischen Gewicht des Gases von $s = 0,40$.

Druckverlust-gefälle		$d =$ 80 mm		$d =$ 100 mm		$d =$ 125 mm		$d =$ 150 mm		$d =$ 175 mm		$d =$ 200 mm	
im Ver-hältnis $h : L$	pro lfdm in mm $= \varepsilon$	Q	v	Q	v	Q	v	Q	v	Q	v	Q	v
1: 10	0,1000	60	0,32	124	0,44	196	0,45	309	0,49	445	0,51	635	0,56
1: 15	0,0667	49	0,26	101	0,36	160	0,36	256	0,40	372	0,43	518	0,46
1: 20	0,0500	45	0,24	93	0,33	146	0,33	231	0,36	340	0,39	474	0,42
1: 25	0,0400	38	0,20	78	0,28	124	0,28	196	0,31	280	0,32	402	0,36
1: 30	0,0333	35	0,19	72	0,25	114	0,25	179	0,28	264	0,31	368	0,33
1: 35	0,0286	32	0,18	66	0,23	105	0,24	166	0,26	244	0,28	340	0,30
1: 40	0,0250	30	0,16	62	0,22	98	0,22	155	0,24	228	0,26	319	0,28
1: 45	0,0222	28	0,15	58	0,21	92	0,21	146	0,23	215	0,25	300	0,27
1: 50	0,0200	27	0,14	55	0,19	87	0,20	138	0,22	203	0,24	284	0,25
1: 55	0,0182	26	0,14	53	0,19	84	0,19	132	0,21	195	0,23	266	0,24
1: 60	0,0167	25	0,13	51	0,18	80	0,18	126	0,20	186	0,22	260	0,23
1: 70	0,0143	23	0,12	47	0,17	74	0,17	117	0,18	173	0,20	241	0,21
1: 80	0,0125	21	0,11	44	0,16	69	0,16	110	0,17	161	0,19	225	0,20
1: 90	0,0111	20	0,10	41	0,15	65	0,15	106	0,17	151	0,17	211	0,19
1:100	0,0100	19	0,10	40	0,14	62	0,14	98	0,16	144	0,16	201	0,18
1:110	0,0092	18	0,10	38	0,13	60	0,14	94	0,15	138	0,16	193	0,17
1:120	0,0083	17	0 09	36	0,13	56	0,13	89	0,14	131	0,15	183	0,16
1:130	0,0077	17	0,09	35	0,12	55	0,13	86	0,14	126	0,14	176	0,16
1:140	0,0071	16	0,08	33	0,12	52	0,12	82	0,13	121	0,14	169	0,15
1:150	0,0067	16	0,08	32	0,11	50	0,11	80	0,13	118	0,14	164	0,15
1:160	0,0063	15	0,08	31	0,11	49	0,11	77	0,12	114	0,13	160	0,14
1:170	0,0059	15	0,08	30	0,11	48	0,11	75	0,12	110	0,13	154	0,14
1:180	0,0056	14	0,07	29	0,10	47	0,11	73	0,11	108	0,13	150	0,13
1:200	0,0050	13	0,07	28	0,10	43	0,10	69	0,11	102	0,12	142	0,13
1:225	0,0044	13	0,07	27	0,10	41	0,09	65	0,10	95	0,11	133	0,12
1:250	0,0040	12	0,06	25	0,09	39	0,09	62	0,10	91	0,10	127	0,11
1:275	0,0036	11	0,06	24	0,08	37	0,08	59	0,09	86	0,10	121	0,11
1:300	0,0033	11	0,06	22	0,08	35	0,08	56	0,09	82	0,09	115	0,10
1:350	0,0028	10	0,05	21	0,07	33	0,08	53	0,08	78	0,09	108	0,10
1:400	0,0025	10	0,05	20	0,07	31	0,07	49	0,08	72	0,08	100	0,09
1:450	0,0022	9	0,05	19	0,07	29	0,07	46	0,07	68	0,08	94	0,08
1:500	0,0020	9	0,04	18	0,06	28	0,06	44	0,07	65	0,08	90	0,08
1:550	0,0018	8	0,04	17	0,06	26	0,06	41	0,06	61	0,07	85	0,08
1:600	0,0017	8	0,04	16	0,06	25	0,06	40	0,06	59	0,07	83	0,07

Tabelle 3.   25

| Druckverlust-gefälle | | $d=$ 225 mm | | $d=$ 250 mm | | $d=$ 275 mm | | $d=$ 300 mm | | $d=$ 325 mm | | $d=$ 350 mm | |
im Ver-hältnis $h:L$	pro lfdm in mm $=\varepsilon$	Q	v	Q	v	Q	v	Q	v	Q	v	Q	v
1: 10	0,1000	853	0,60	1109	0,63	1420	0,66	1749	0,69	2140	0,72	2574	0,74
1: 15	0,0667	696	0,49	906	0,51	1150	0,54	1428	0,56	1745	0,68	2107	0,61
1: 20	0,0500	637	0,45	829	0,47	1052	0,49	1306	0,51	1512	0,51	1923	0,56
1: 25	0,0400	540	0,38	703	0,40	892	0,42	1106	0,43	1352	0,45	1629	0,47
1: 30	0,0333	494	0,35	643	0,37	816	0,38	1012	0,40	1233	0,41	1491	0,43
1: 35	0,0286	456	0,32	594	0,34	754	0,35	936	0,37	1142	0,38	1377	0,40
1: 40	0,0250	427	0,30	555	0,31	705	0,33	875	0,34	1070	0,36	1289	0,37
1: 45	0,0222	403	0,28	523	0,30	665	0,31	825	0,32	1008	0,34	1215	0,35
1: 50	0,0200	381	0,27	495	0,28	629	0,29	782	0,31	954	0,32	1150	0,33
1: 55	0,0182	364	0,25	474	0,27	602	0,28	748	0,29	912	0,31	1100	0,32
1: 60	0,0167	348	0,24	453	0,26	575	0,27	715	0,28	874	0,29	1057	0,30
1: 70	0,0143	324	0,23	421	0,24	535	0,25	665	0,26	809	0,27	977	0,28
1: 80	0,0125	303	0,21	394	0,22	500	0,23	621	0,24	756	0,25	912	0,26
1: 90	0,0111	284	0,20	369	0,21	468	0,22	582	0,23	712	0,24	855	0,25
1:100	0,0100	270	0,19	351	0,20	446	0,21	553	0,22	677	0,23	815	0,24
1:110	0,0092	259	0,18	337	0,19	427	0,20	530	0,21	648	0,22	781	0,23
1:120	0,0083	246	0,17	320	0,18	406	0,19	504	0,20	616	0,21	742	0,22
1:130	0,0077	237	0,17	308	0,17	391	0,18	485	0,19	593	0,20	715	0,21
1:140	0,0071	227	0,16	296	0,17	376	0,18	465	0,18	570	0,19	687	0,20
1:150	0,0067	221	0,15	288	0,16	364	0,17	453	0,18	553	0,18	666	0,19
1:160	0,0063	214	0,15	279	0,16	354	0,17	439	0,17	537	0,18	646	0,19
1:170	0,0059	207	0,14	270	0,15	342	0,16	425	0,17	519	0,17	626	0,18
1:180	0,0056	202	0,14	263	0,15	333	0,16	414	0,16	506	0,17	609	0,18
1:200	0,0050	191	0,13	248	0,14	315	0,15	391	0,15	478	0,16	576	0,17
1:225	0,0044	179	0,13	233	0,13	295	0,14	367	0,14	448	0,16	540	0,16
1:250	0,0040	170	0,12	222	0,13	282	0,13	350	0,14	427	0,14	515	0,15
1:275	0,0036	162	0,11	211	0,12	277	0,13	332	0,13	406	0,14	488	0,14
1:300	0,0033	155	0,11	201	0,11	256	0,12	318	0,12	388	0,13	468	0,14
1:350	0,0028	145	0,10	189	0,11	240	0,11	298	0,12	358	0,12	438	0 13
1:400	0,0025	135	9,09	176	0,10	223	0,10	277	0,11	338	0,11	407	0,12
1:450	0,0022	127	0,09	165	0,09	209	0,09	260	0,10	317	0,11	382	0,11
1:500	0,0020	121	0,08	157	0,09	199	0,09	248	0,10	302	0,10	364	0,11
1:550	0,0018	114	0,08	149	0,08	189	0,09	235	0,09	287	0,10	346	0,10
1:600	0,0017	111	0,08	145	0,08	183	0,09	228	0,09	279	0,09	336	0,10

Druckverlust-gefalle		$d =$ 375 mm		$d =$ 400 mm		$d =$ 450 mm		$d =$ 500 mm		$d =$ 550 mm		$d =$ 600 mm	
im Ver-haltnis $h:L$	pro lfdm in mm $=\varepsilon$	Q	v	Q	v	Q	v	Q	v	Q	v	Q	v
1: 10	0,1000	3058	0,77	3594	0,79	4814	0,84	6279	0,89	7968	0,93	9905	0,97
1: 15	0,0667	2497	0,63	2936	0,66	3930	0,69	5126	0,73	6506	0,77	8097	0,80
1: 20	0,0500	2284	0,58	2684	0,61	3595	0,63	4689	0,66	5951	0,70	7397	0,73
1: 25	0,0400	1936	0,49	2275	0,51	3047	0,53	3974	0,56	5043	0,59	6269	0,62
1: 30	0,0333	1771	0,45	2180	0,47	2788	0,49	3636	0,51	4614	0,54	5736	0,56
1: 35	0,0286	1636	0,41	1922	0,43	2575	0,45	3358	0,47	4261	0,50	5297	0,53
1: 40	0,0250	1529	0,39	1797	0,41	2407	0,42	3139	0,43	3984	0,47	4952	0,49
1: 45	0,0222	1442	0,36	1695	0,38	2270	0,40	2961	0,42	3757	0,44	4670	0,46
1: 50	0,0200	1364	0,34	1603	0,36	2148	0,38	2802	0,40	3555	0,42	4410	0,43
1: 55	0,0182	1306	0,33	1535	0,35	2057	0,36	2682	0,38	3404	0,40	4231	0,42
1: 60	0,0167	1249	0,31	1467	0,33	1965	0,34	2563	0,36	3253	0,38	4043	0,40
1: 70	0,0143	1161	0,29	1365	0,31	1829	0,32	2384	0,34	3026	0,35	3761	0,37
1: 80	0,0125	1084	0,27	1273	0,29	1707	0,30	2225	0,31	2857	0,33	3511	0,35
1: 90	0,0111	1016	0,26	1194	0,27	1600	0,28	2086	0,29	2648	0,31	3291	0,32
1:100	0,0100	968	0,24	1137	0,26	1523	0,27	1987	0,28	2522	0,29	3134	0,31
1:110	0,0092	929	0,23	1091	0,25	1461	0,26	1906	0,27	2418	0,28	3006	0,30
1:120	0,0083	882	0,22	1036	0,23	1388	0,24	1810	0,26	2291	0,27	2855	0,28
1:130	0,0077	849	0,21	977	0,22	1336	0,23	1742	0,25	2213	0,26	2749	0,27
1:140	0,0071	816	0,21	958	0,22	1284	0,23	1675	0,24	2126	0,26	2643	0,26
1:150	0,0067	792	0,20	930	0,21	1246	0,22	1626	0,23	2062	0,24	2564	0,25
1:160	0,0063	768	0,19	903	0,20	1210	0,21	1578	0,22	2002	0,23	2489	0,24
1:170	0,0059	743	0,19	873	0,20	1170	0,20	1526	0,22	1936	0,23	2407	0,24
1:180	0,0056	724	0,18	850	0,19	1140	0,20	1486	0,21	1888	0,22	2344	0,23
1:200	0,0050	685	0,17	804	0,18	1078	0,19	1405	0,20	1784	0,21	2216	0,22
1:225	0,0044	641	0,16	754	0,17	1010	0,18	1318	0,19	1673	0,21	2078	0,20
1:250	0,0040	612	0,15	719	0,16	964	0,17	1256	0,18	1594	0,19	1982	0,19
1:275	0,0036	581	0,15	682	0,15	914	0,16	1192	0,17	1514	0,18	1881	0,18
1:300	0,0033	556	0,14	652	0,15	875	0,15	1141	0,16	1448	0,17	1801	0,18
1:350	0,0028	521	0,13	612	0,14	820	0,14	1070	0,15	1357	0,16	1686	0,17
1:400	0,0025	484	0,12	569	0,13	762	0,13	994	0,14	1262	0,15	1568	0,15
1:450	0,0022	454	0,11	534	0,12	715	0,13	933	0,13	1184	0,14	1470	0.14
1:500	0,0020	433	0,11	508	0,12	682	0,12	889	0,13	1129	0,13	1402	0,14
1:550	0,0018	411	0,10	482	0,11	646	0,11	843	0,12	1070	0,13	1330	0,13
1:600	0,0017	399	0,10	469	0,11	628	0,11	819	0,12	1040	0,12	1292	0,13

Tabelle 3.　　　27

Druckverlust-gefälle		$d =$ 650 mm		$d =$ 700 mm		$d =$ 750 mm		$d =$ 800 mm		$d =$ 900 mm		$d =$ 1000 mm	
im Ver-hältnis $h:L$	pro lfdm in mm $=\varepsilon$	Q	v	Q	v	Q	v	Q	v	$\eth$	v	Q	v
1: 10	0,1000	12 109	1,01	14 562	1,05	17 302	1,09	20 332	1,12	27 294	1,19	35 520	1,24
1: 15	0,0667	9 878	0,83	11 889	0,86	14 124	0,89	16 600	0,92	22 284	0,97	29 000	1,03
1: 20	0,0500	9 036	0,76	10 875	0,79	12 892	0,81	15 150	0,84	20 384	0,89	26 526	0,94
1: 25	0,0400	7 657	0,64	9 216	0,67	10 951	0,69	12 869	0,71	17 274	0,75	22 480	0,80
1: 30	0,0333	7 006	0,59	8 433	0,61	10 002	0,63	11 775	0,65	15 806	0,69	20 570	0,73
1: 35	0,0286	6 471	0,54	7 788	0,56	9 254	0,58	10 874	0,60	14 563	0,64	18 996	0,67
1: 40	0,0250	6 049	0,51	7 281	0,53	8 651	0,54	10 166	0,56	13 647	0,60	17 760	0,63
1: 45	0,0222	5 705	0,48	6 866	0,50	8 158	0,51	9 587	0,53	12 869	0,56	16 748	0,59
1: 50	0,0200	5 398	0,45	6 497	0,47	7 720	0,49	9 073	0,50	12 178	0,53	15 849	0,56
1: 55	0,0182	5 169	0,43	6 221	0,45	7 392	0,46	8 686	0,48	11 660	0,51	15 174	0,54
1: 60	0,0167	4 939	0,41	5 944	0,43	7 063	0,44	8 300	0,46	11 142	0,49	14 500	0,51
1: 70	0,0143	4 594	0,38	5 530	0,40	6 571	0,41	7 721	0,43	10 364	0,45	13 488	0,48
1: 80	0,0125	4 288	0,36	5 161	0,37	6 133	0,39	7 207	0,40	9 674	0,42	12 589	0,45
1: 90	0,0111	4 020	0,34	4 838	0,35	5 749	0,36	6 756	0,37	9 069	0,40	11 802	0,42
1:100	0,0100	3 831	0,32	4 608	0,33	5 476	0,34	6 434	0,36	8 637	0,38	11 240	0,40
1:110	0,0092	3 672	0,31	4 419	0,32	5 251	0,33	6 170	0,34	8 294	0,36	10 779	0,38
1:120	0,0083	3 488	0,29	4 296	0,31	4 988	0,31	5 862	0,32	7 868	0,34	10 242	0,36
1:130	0,0077	3 358	0,28	4 041	0,29	4 802	0,30	5 643	0,31	7 575	0,33	9 858	0,35
1:140	0,0071	3 228	0,27	3 885	0,28	4 616	0,29	5 424	0,30	7 281	0,32	9 454	0,33
1:150	0,0067	3 132	0,26	3 769	0,27	4 479	0,28	5 263	0,29	7 065	0,31	9 192	0,33
1:160	0,0063	3 040	0,25	3 659	0,26	4 348	0,27	5 109	0.28	6 858	0,30	8 925	0,32
1:170	0,0059	2 940	0,25	3 539	0,26	4 205	0,26	4 941	0,27	6 633	0,29	8 632	0,31
1:180	0,0056	2 864	0,24	3 447	0,25	4 002	0,25	4 703	0,26	6 459	0,28	8 408	0,30
1:200	0,0050	2 707	0,23	3 258	0,24	3 871	0,24	4 549	0,25	6 106	0,27	7 947	0,28
1:225	0,0044	2 538	0,21	3 055	0,22	3 630	0,23	4 266	0,24	5 726	0,25	7 452	0,26
1:250	0,0040	2 420	0,20	2 913	0,21	3 461	0,22	4 066	0,23	5 459	0,24	7 104	0,25
1:275	0,0036	2 297	0,19	2 765	0,20	3 210	0,20	3 773	0,21	5 182	0,23	6 744	0,24
1:300	0,0033	2 198	0,18	2 645	0,19	3 143	0,20	3 693	0,20	4 958	0,22	6 452	0,23
1:350	0,0028	2 060	0,17	2 479	0,18	2 946	0,19	3 462	0,19	4 647	0,20	6 047	0,21
1:400	0,0025	1 914	0,16	2 304	0,17	2 738	0,17	3 217	0,18	4 319	0,19	5 620	0,21
1:450	0,0022	1 796	0,15	2 161	0,16	2 568	0,16	3 018	0,17	4 051	0,18	5 272	0,19
1:500	0,0020	1 711	0,14	2 060	0,15	2 431	0,15	2 876	0,16	3 861	0,17	5 023	0,18
1:550	0,0018	1 623	0,14	1 954	0,14	2 323	0,15	2 728	0,15	3 671	0,16	4 766	0,17
1:600	0,0017	1 577	0,13	1 899	0,14	2 205	0,14	2 591	0,14	3 559	0,16	4 631	0,16

Tabelle 4. Bei einem spezifischen Gewicht des Gases $s = 0,42$.

Druckverlust-gefälle		$d =$ 80 mm		$d =$ 100 mm		$d =$ 125 mm		$d =$ 150 mm		$d =$ 175 mm		$d =$ 200 mm	
im Verhältnis $h : L$	pro lfdm in mm $= \varepsilon$	Q	v	Q	v	Q	v	Q	v	Q	v	Q	v
1: 10	0,1000	59	0,33	123	0,44	192	0,44	302	0,48	444	0,51	620	0,55
1: 15	0,0667	48	0,27	100	0,35	157	0,36	247	0,39	363	0,42	506	0,45
1: 20	0,0500	44	0,24	92	0,33	143	0,32	226	0,36	332	0,38	463	0,41
1: 25	0,0400	37	0,20	78	0,28	121	0,27	191	0,30	281	0,33	392	0,35
1: 30	0,0333	34	0,19	71	0,25	111	0,25	175	0,28	257	0,30	359	0,32
1: 35	0,0286	31	0,17	66	0,23	103	0,23	162	0,25	238	0,28	331	0,29
1: 40	0,0250	29	0,16	61	0,22	96	0,22	151	0,24	222	0,26	310	0,27
1: 45	0,0222	28	0,15	58	0,21	90	0,20	142	0,22	210	0,24	292	0,26
1: 50	0,0200	26	0,14	55	0,19	85	0,19	135	0,21	198	0,23	277	0,25
1: 55	0,0182	25	0,14	53	0,19	82	0,19	129	0,20	190	0,22	265	0,23
1: 60	0,0167	24	0,13	50	0,18	78	0,18	123	0,19	181	0,21	253	0,22
1: 70	0,0143	22	0,12	47	0,17	73	0,17	115	0,18	169	0,20	235	0,21
1: 80	0,0125	21	0,12	44	0,16	68	0,16	107	0,17	156	0,18	218	0,19
1: 90	0,0111	19	0,11	41	0,15	64	0,15	100	0,16	148	0,17	206	0,18
1:100	0,0100	19	0,10	39	0,14	61	0,14	96	0,15	141	0,16	196	0,17
1:110	0,0092	18	0,10	37	0,13	58	0,13	92	0,14	135	0,16	188	0,17
1:120	0,0083	17	0,09	35	0,12	55	0,12	87	0,14	128	0,15	179	0,16
1:130	0,0077	16	0,09	34	0,12	53	0,12	84	0,13	123	0,14	174	0,15
1:140	0,0071	16	0,09	33	0,12	51	0,12	81	0,13	119	0,44	165	0,15
1:150	0,0067	15	0,08	32	0,11	50	0,11	78	0,12	115	0,13	160	0,14
1:160	0,0063	15	0,08	31	0,11	48	0,11	76	0,12	112	0,13	156	0,14
1:170	0,0059	14	0,08	30	0,11	47	0,11	73	0,11	108	0,12	151	0,13
1:180	0,0056	14	0,08	29	0,10	45	0,10	72	0,11	105	0,12	147	0,13
1:200	0,0050	13	0,07	28	0,10	43	0,10	68	0,11	99	0,11	139	0,12
1:225	0,0044	12	0,07	26	0,09	40	0,09	63	0,10	93	0,11	130	0,11
1:250	0,0040	12	0,07	25	0,09	38	0,09	60	0,09	89	0,10	124	0,11
1:275	0,0036	11	0,06	25	0,09	36	0,08	57	0,09	84	0,10	118	0,10
1:300	0,0033	11	0,06	22	0,08	35	0,08	55	0,09	81	0,09	113	0,10
1:350	0,0028	10	0,06	21	0,07	33	0,07	51	0,08	76	0,09	106	0,09
1:400	0,0025	9	0,05	20	0,07	30	0,07	48	0,08	70	0,08	98	0,09
1:450	0,0022	9	0,05	18	0,06	28	0,06	45	0,07	66	0,08	92	0,08
1:500	0,0020	8	0,04	17	0,06	27	0,06	43	0,07	63	0,07	88	0,08
1:550	0,0018	8	0,04	17	0,06	26	0,06	41	0,06	60	0,07	83	0,07
1:600	0,0017	8	0,04	16	0,06	25	0,06	39	0,06	58	0,07	81	0,07

Tabelle 4. 29

Druckverlust-gefalle		$d =$ 225 mm		$d =$ 250 mm		$d =$ 275 mm		$d =$ 300 mm		$d =$ 325 mm		$d =$ 350 mm	
im Ver-hältnis $h:L$	pro lfdm in mm $= \varepsilon$	Q	v	Q	v	Q	v	Q	v	Q	v	Q	v
1: 10	0,1000	833	0,58	1084	0,61	1375	0,64	1705	0,67	2088	0,70	2571	0,74
1: 15	0,0667	680	0,47	884	0,50	1122	0,53	1392	0,55	1706	0,57	2051	0,59
1: 20	0,0500	623	0,43	809	0,46	1027	0,48	1274	0,50	1477	0,49	1875	0,54
1: 25	0,0400	527	0,37	686	0,39	868	0,40	1079	0,42	1321	0,44	1590	0,46
1: 30	0,0333	483	0,34	627	0,36	796	0,37	987	0,39	1205	0,40	1455	0,42
1: 35	0,0286	441	0,31	579	0,33	735	0,34	912	0,36	1116	0,37	1343	0,39
1: 40	0,0250	417	0,29	542	0,31	688	0,32	852	0,34	1044	0,35	1256	0,36
1: 45	0,0222	393	0,27	511	0,29	648	0,30	804	0,32	984	0,33	1184	0,34
1: 50	0,0200	373	0,26	483	0,27	613	0,29	761	0,30	934	0,31	1121	0,32
1: 55	0,0182	356	0,25	463	0,26	587	0,28	728	0,29	891	0,30	1073	0,31
1: 60	0,0167	340	0,24	442	0,25	561	0,26	696	0,27	853	0,29	1025	0,30
1: 70	0,0143	316	0,22	411	0,23	522	0,24	648	0,25	789	0,26	954	0,27
1: 80	0,0125	295	0,21	384	0,22	487	0,23	604	0,24	738	0,25	890	0,26
1: 90	0,0111	277	0,19	360	0,20	457	0,21	567	0,22	696	0,23	815	0,24
1:100	0,0100	264	0,18	343	0,19	435	0,20	539	0,21	661	0,22	795	0,23
1:110	0,0092	253	0,18	329	0,19	417	0,20	517	0,20	633	0,21	762	0,22
1:120	0,0083	240	0,17	312	0,18	396	0,19	492	0,19	601	0,20	724	0,21
1:130	0,0077	231	0,16	301	0,17	382	0,18	473	0,19	579	0,19	697	0,20
1:140	0,0071	222	0,15	289	0,16	367	0,17	455	0,18	556	0,19	670	0,19
1:150	0,0067	216	0,15	281	0,16	356	0,17	441	0,17	541	0,18	650	0,19
1:160	0,0063	209	0,15	272	0,15	346	0,16	428	0,17	524	0,18	632	0,18
1:170	0,0059	201	0,14	264	0,15	334	0,16	414	0,16	507	0,17	610	0,18
1:180	0,0056	197	0,14	356	0,14	326	0,15	403	0,16	494	0,17	594	0,17
1:200	0,0050	186	0,13	243	0,14	308	0,14	382	0,15	467	0,16	562	0,16
1:225	0,0044	175	0,12	228	0,13	289	0,14	358	0,14	438	0,15	527	0,15
1:250	0,0040	167	0,12	217	0,12	275	0,13	341	0,13	417	0,14	507	0,14
1:275	0,0036	158	0,11	206	0,12	261	0,12	324	0,13	396	0,13	477	0,14
1:300	0,0033	151	0,11	197	0,11	250	0,12	310	0,12	379	0,13	456	0,13
1:350	0,0028	142	0,10	185	0,10	234	0,11	290	0,11	349	0,12	·428	0,12
1:400	0,0025	132	0,09	172	0,10	218	0,10	270	0,11	330	0,11	397	0,11
1:450	0,0022	124	0,09	161	0,09	204	0,10	253	0,10	310	0,10	373	0,11
1:500	0,0020	118	0,08	153	0,09	195	0,09	241	0,10	295	0,10	356	0,10
1:550	0,0018	112	0,08 ·	145	0,08	185	0,09	229	0,09	280	0,09	337	0,10
1:600	0,0017	109	0,08	141	0,08	179	0,08	222	0,09	272	0,09	328	0,09

Druckverlust-gefalle		$d =$ 375 mm		$d =$ 400 mm		$d =$ 450 mm		$d =$ 500 mm		$d =$ 550 mm		$d =$ 600 mm	
imVer-haltnis $h \cdot L$	pro lfdm in mm $= \varepsilon$	Q	v	Q	v	Q	v	Q	v	Q	v	Q	v
1: 10	0,1000	2996	0,75	3508	0,78	4698	0,82	6128	0,87	7795	0,91	9667	0,95
1: 15	0,0667	2438	0,61	2864	0,63	3836	0,67	5003	0,71	6349	0,74	7897	0,78
1: 20	0,0500	2230	0,56	2620	0,58	3509	0,61	4577	0,65	5808	0,68	7219	0,71
1: 25	0,0400	1890	0,48	2220	0,49	2974	0,52	3879	0,54	4922	0,58	6118	0,60
1: 30	0,0333	1729	0,44	2031	0,45	2723	0,48	3549	0,50	4504	0,53	5598	0,55
1: 35	0,0286	1597	0,40	1875	0,41	2513	0,44	3277	0,46	4159	0,49	5170	0,51
1: 40	0,0250	1493	0,38	1743	0,39	2349	0,41	3064	0,43	3888	0,46	4833	0,48
1: 45	0,0222	1408	0,35	1654	0,37	2215	0,39	2890	0,41	3667	0,43	4558	0,45
1: 50	0,0200	1332	0,34	1565	0,35	2096	0,37	2734	0,39	3470	0,41	4313	0,42
1: 55	0,0182	1275	0,32	1498	0,33	2007	0,35	2618	0,36	3322	0,39	4130	0,41
1: 60	0,0167	1219	0,31	1431	0,32	1918	0,33	2502	0,35	3175	0,37	3946	0,39
1: 70	0,0143	1134	0,29	1332	0,30	1785	0,31	2327	0,33	2953	0,35	3671	0,36
1: 80	0,0125	1058	0,27	1243	0,27	1666	0,29	2172	0,31	2756	0,32	3426	0,34
1: 90	0,0111	993	0,25	1165	0,26	1562	0,27	2036	0,29	2584	0,30	3212	0,32
1:100	0,0100	945	0,24	1110	0,25	1486	0,26	1940	0,27	2461	0,29	3059	0,30
1:110	0,0092	906	0,23	1064	0,24	1427	0,25	1860	0,26	2360	0,28	2934	0,29
1:120	0,0083	860	0,22	1011	0,22	1354	0,24	1766	0,25	2223	0,26	2764	0,27
1:130	0,0077	829	0,21	973	0,21	1305	0,23	1701	0,24	2158	0,25	2683	0,26
1:140	0,0071	796	0,20	935	0,21	1254	0,22	1635	0,23	2075	0,24	2579	0,25
1:150	0,0067	773	0,19	908	0,20	1217	0,21	1586	0,22	2013	0,24	2502	0,25
1:160	0,0063	750	0,19	881	0,19	1181	0,21	1540	0,22	1954	0,23	2429	0,24
1:170	0,0059	725	0,18	852	0,19	1142	0,20	1490	0,21	1890	0,22	2349	0,23
1:180	0,0056	707	0,18	830	0,18	1113	0,19	1451	0,21	1841	0,22	2288	0,23
1:200	0,0050	668	0,17	785	0,17	1052	0,18	1371	0,19	1740	0,20	2163	0,21
1:225	0,0044	626	0,16	735	0,16	986	0,17	1286	0,18	1632	0,19	2026	0,20
1:250	0,0040	597	0,15	701	0,16	940	0,16	1225	0,17	1555	0,18	1933	0,19
1:275	0,0036	567	0,14	666	0,15	892	0,16	1163	0,16	1476	0,17	1835	0,18
1:300	0,0033	542	0,14	637	0,14	853	0,15	1113	0,16	1412	0,17	1755	0,17
1:350	0,0028	508	0,13	597	0,13	800	0,14	1043	0,15	1324	0,16	1645	0,16
1:400	0,0025	472	0,12	554	0,12	743	0,13	970	0,14	1230	0,14	1529	0,15
1:450	0,0022	443	0,11	521	0,12	697	0,12	910	0,13	1154	0,14	1434	0,14
1:500	0,0020	422	0,11	496	0,11	665	0,12	867	0,12	1100	0,13	1367	0,13
1:550	0,0018	401	0,10	471	0,11	631	0,11	823	0,12	1042	0,12	1298	0,13
1:600	0,0017	389	0,10	457	0,10	612	0,11	799	0,11	1013	0,12	1260	0,12

Tabelle 4.   31

Druckverlustgefalle		$d =$ 650 mm		$d =$ 700 mm		$d =$ 750 mm		$d =$ 800 mm		$d =$ 900 mm		$d =$ 1000 mm	
im Verhaltnis $h:L$	pro lfdm in mm $= \varepsilon$	Q	v	Q	v	Q	v	Q	v	Q	v	Q	v
1: 10	0,1000	11808	0,99	14212	1,03	16809	1,06	19844	1,10	26644	1,17	33877	1,20
1: 15	0,0667	9641	0,81	11603	0,84	13787	0,87	16202	0,90	21748	0,95	28303	1,00
1: 20	0,0500	8829	0,74	10604	0,77	12905	0,81	14820	0,82	19894	0,87	25890	0,92
1: 25	0,0400	7473	0,63	8995	0,65	10687	0,67	12560	0,69	16859	0,74	21940	0,78
1: 30	0,0333	6838	0,57	8230	0,59	9779	0,61	11492	0,63	15426	0,67	20075	0,71
1: 35	0,0286	6315	0,53	7601	0,55	9031	0,57	10613	0,59	14246	0,62	18540	0,66
1: 40	0,0250	5904	0,49	7106	0,51	8443	0,53	9922	0,55	13319	0,58	17333	0,61
1: 45	0,0222	5568	0,47	6701	0,48	7944	0,50	9357	0,52	12560	0,55	16346	0,58
1: 50	0,0200	5269	0,44	6341	0,46	7535	0,47	8854	0,49	11886	0,52	15468	0,55
1: 55	0,0182	5045	0,42	6071	0,44	7214	0,45	8478	0,47	11380	0,50	14809	0,52
1: 60	0,0167	4820	0,40	5802	0,42	6878	0,43	8101	0,45	10874	0,48	14151	0,50
1: 70	0,0143	4382	0,37	5397	0,39	6413	0,40	7536	0,42	10116	0,44	13471	0,48
1: 80	0,0125	4185	0,35	5037	0,36	5985	0,38	7033	0,39	9441	0,41	12287	0,43
1: 90	0,0111	3924	0,33	4722	0,34	5611	0,35	6594	0,36	8851	0·39	11519	0,41
1:100	0,0100	3737	0,31	4497	0,32	5344	0,34	6280	0,35	8430	0,37	10970	0,39
1:110	0,0092	3584	0,30	4313	0,31	5090	0,32	6022	0,33	8084	0,35	10520	0,37
1:120	0,0083	3372	0,28	4063	0,29	4828	0,30	5674	0,31	7616	0,33	9911	0,35
1:130	0,0077	3277	0,27	3944	0,28	4687	0,29	5507	0,30	7393	0,32	9621	0,34
1:140	0,0071	3150	0,26	3791	0,27	4515	0,28	5294	0,29	7106	0,31	9248	0,33
1:150	0,0067	3057	0,26	3679	0,27	4371	0,27	5137	0,28	6895	0,30	8973	0,32
1:160	0,0063	2967	0,25	3571	0,26	4243	0,27	4986	0,28	6693	0,29	8710	0,31
1:170	0,0059	2870	0,24	3454	0,25	4104	0,26	4823	0,27	6474	0,28	8425	0,30
1:180	0,0056	2795	0,23	3364	0,24	3997	0,25	4697	0,26	6305	0,28	8206	0,29
1:200	0,0050	2642	0,22	3180	0,23	3778	0,24	4440	0,25	5960	0,26	7756	0,27
1:225	0,0044	2477	0,21	2982	0,22	3543	0,22	4163	0,23	5589	0,24	7273	0,26
1:250	0,0040	2362	0,20	2842	0,21	3377	0,21	3969	0,22	5328	0,23	6933	0,25
1:275	0,0036	2242	0,19	2698	0,20	3206	0,20	3768	0.21	5058	0,22	6582	0.23
1:300	0,0033	2145	0,18	2582	0,19	3067	0,19	3602	0,20	4839	0,21	6297	0,22
1:350	0,0028	2010	0,17	2420	0,17	2875	0,18	3379	0,19	4535	0,20	5902	0,21
1:400	0,0025	1868	0,16	2198	0,16	2672	0,17	3140	0,17	4215	0,18	5485	0,19
1:450	0,0022	1753	0,15	2109	0,15	2506	0,16	2945	0,16	3953	0,17	5145	0,18
1:500	0,0020	1670	0,14	2010	0,14	2389	0,15	2807	0,16	3768	0,16	4904	0,17
1:550	0,0018	1584	0,13	1907	0,14	2269	0,14	2663	0,15	3574	0,16	4651	0,16
1:600	0,0017	1540	0,13	1853	0,13	2202	0,14	2587	0,14	3473	0,15	4520	0,16

12. Beispiel.

Eine Gasleitung von 360 m Länge soll 89 Stdcbm fördern. Wie groß ist der Druckverlust bei einem 150 mm-Rohrdurchmesser und einem spezifischen Gewicht von 0,40?

Lösung.

Zur Bestimmung des Druckverlustes ist Tabelle 3 maßgebend. Wir finden, daß bei obiger Belastung und einem Rohr von 150 mm lichter Weite ein Druckverlust pro 1 m $= \varepsilon$ (unter Spalte Druckverlustgefälle) von 0,0083 m eintritt. Nun ist nach Gleichung (5)

$$h = \varepsilon \cdot l = 0,0083 \cdot 360 = 3 \text{ mm}.$$

13. Beispiel.

Was leistet eine Gasrohrleitung von 200 mm lichter Weite bei einer Länge von 600 m, bei einem Druckverlust von 4 mm und einem spez. Gewicht von 0,42?

Lösung.

Für die Lösung dieser Aufgabe ist Tabelle 4 gültig. Zunächst wäre der spez. Druckverlust zu ermitteln. Dieser ist nach Formel 5

$$\varepsilon = \frac{4}{600} = 0,0067.$$

Sucht man diesen Wert in der Spalte unter Druckverlustgefälle auf und geht in gleicher Zeilenhöhe nach rechts bis zum 200 mm-Durchmesser, so finden wir den Wert von 160. Es leistet also diese Leitung bei obigem Gefälle und Länge 160 Stdcbm.

14. Beispiel.

Es soll eine Leitung von 840 m Länge verlegt werden, die bei einem Druckverlust von 6 mm in der Stunde 296 cbm leistet, bei einem spez. Gewicht von 0,40. Welchen Durchmesser muß diese Leitung erhalten?

Lösung.

Auch hier gilt die Tabelle 3. Das spezifische Druckgefälle ist gemäß Gleichung (5).

$$\varepsilon = \frac{6}{840} = 0,0071.$$

Man folgt diesem spezifischen Gefälle in gleicher Spalten-
höhe nach rechts, bis man den Wert 296 erreicht hat. Diesen
Wert findet man in Spalte $d = 250$. Es ist also ein 250 mm-
Rohr zu wählen.

15. B e i s p i e l.

Eine Gasleitung soll bei einem Druckverlust von 3,8 mm
imstande sein, eine Gasmenge von 342 Stdcbm auf eine
Entfernung von 1020 m fördern zu können. Das spez. Gewicht
beträgt 0,40. Wie groß muß der lichte Durchmesser dieser
Leitung sein?

L ö s u n g.

Gültig ist, weil $s = 0{,}40$. Tabelle 3. Es ist

$$\varepsilon = \frac{3{,}8}{1020} = 0{,}0037.$$

Dieser Wert liegt zwischen den Werten 0,0040 und 0,0036
der Tabelle 3; demnach $D_\varepsilon = 0{,}0040 - 0{,}0036 = 0{,}0004$. Geht
man zwischen den Zahlen nach rechts, so findet man, daß der
Wert von 342 in der Spalte für $d = 300$ zwischen 350 und 332
liegt. Es ist daher eine 300 mm-Rohrleitung zu verlegen.

Nun fragt es sich, wie hoch ist der eintretende Druckverlust. Es ist:

$$D_Q = 350 - 332 = 18,$$
$$Q' - Q_x = 350 - 342 = 8,$$
$$D_\varepsilon = 0{,}0040 - 0{,}0036 = 0{,}0004.$$

Somit nach Gleichung (26)

$$\varepsilon_x = \varepsilon = 0{,}004 - \frac{0{,}0004}{18} \cdot 8 = 0{,}0038$$

und

$$h = 0{,}0038 \cdot 1020 = 3{,}9 \text{ mm}.$$

16. B e i s p i e l.

Welche Gasmenge leistet eine 200 mm-Rohrleitung bei
einer Länge von 1210 m und einem Druckverlust von 5,1 mm,
bei einem spez. Gewicht des Gases von 0,42?

L ö s u n g.

Es ist

$$\varepsilon_x = \frac{5{,}1}{1210} = 0{,}0043.$$

Dieser Wert liegt zwischen 0,0044 und 0,0040. Die Leistungsfähigkeit bestimmt sich nach Gleichung (25).

Es ist:

$$Q' = 130,$$
$$D_Q = 130 - 124 = 6,$$
$$D_\varepsilon = 0,0044 - 0,0040 = 0,0004,$$
$$\varepsilon' - \varepsilon_x = 0,0044 - 0,0043 = 0,0001,$$

also

$$Q_x = Q = 130 - \frac{6}{0,0004} \cdot 0,0001 = 128,5 \text{ Stdcbm.}$$

17. Beispiel.

Welcher Druckverlust tritt in einer Gasleitung von 730 m Länge und 150 mm Durchmesser, bei einer Durchflußmenge von 91 Stdcbm und einem spez. Gewicht von $s = 0,40,$ auf?

Lösung.

Der Wert 91 liegt in Spalte $d = 150$ mm nach Tabelle 3 zwischen 94 und 89 Stdcbm. Hierfür ist $\varepsilon = 0,0092$ und 0,0083. Das spezifische Gefälle vermittelt sich nach Gleichung (26).

Nach der Tabelle ist:

$$\varepsilon' = 0,0092,$$
$$D_\varepsilon = 0,0092 - 0,0083 = 0,0009,$$
$$D_Q = 94 - 89 = 5,$$
$$Q' - Q_x = 94 - 81 = 3,$$

somit

$$\varepsilon_x = \varepsilon = 0,0092 \frac{0,0009}{5} \cdot 3 = 0,0087.$$

Nach Gleichung (5) ist

$$h = 0,0087 \cdot 730 = 6,4 \text{ mm.}$$

Zweiter Abschnitt.
Bestimmung der wirtschaftlichen Rohrdurchmesser.

a) Allgemeines.

Vom wirtschaftlichen Standpunkt aus ist es bei Gasrohrleitungen ebenso wichtig wie bei Wasserrohrleitungen, diese dem Kostenminimum entsprechend anzulegen. Betrachten wir beispielsweise die Kosten von Rohrnetzen, so werden wir finden, daß dieser Betriebsteil der Gasversorgung einen ganz beträchtlichen Teil von den Kosten der gesamten Anlage repräsentiert. Es ist daher sehr am Platze, auch hier Ersparnisse zu erzielen zu suchen, ohne jedoch die einwandfreie Versorgung aller Gebietsteile zu beeinträchtigen. Nicht auf Kosten eines niederen Versorgungsdruckes, sondern nur durch die Wahl der Druckgefällslinie soll man ein Kostenminimum zu erreichen suchen.

Es dürfte ohne weiteres einleuchten, daß eine Leitung am billigsten zu stehen kommt, wenn die großen Rohrdurchmesser bis zu einer gewissen Grenze schneller abnehmen als die kleineren. Demzufolge muß das Druckgefälle für die Längeneinheit gesetzmäßig immer kleiner werden, also die Druckgefällslinie muß eine gekrümmte Form annehmen.

In der Zeitschrift »Der Gesundheits-Ingenieur« hat Dr.-Ing. Mannes Gleichungen entwickelt, 'die die wirtschaftliche Bestimmung der Drucklinien für Wasserrohrleitungen ins Auge fassen. In dem vom Verfasser herausgegebenen Werk »D. R. st. W.« sind diese Formeln behandelt und in für die Praxis brauchbare Form gebracht worden. Im Grunde genommen ändern sich diese Formeln, auf Gasrohrleitungen übertragen, nicht. Auch hier soll der Gebrauch dieser Formeln durch Tabellen erleichtert werden.

Da nun die Druckgefällslinie für jeden Belastungsfall von Rohrleitungen einen anderen Verlauf annimmt, so soll

3*

jeder einzelne Fall besprochen und nach Möglichkeit durch Beispiele erläutert werden.

b) Leitungen mit konstanter Belastung.

Für diesen Belastungsfall wird ein Kostenminimum erreicht, wenn die Druckgefällslinie als gerade Linie durchgeführt wird. (Siehe Fig. 3.)

Die Berechnung des Rohrdurchmessers erfolgt daher nach Gleichung (7). Es ist allerdings auch zu untersuchen, ob nicht an irgendeiner Stelle der Gasdruck zu niedrig wird. In einem solchen Falle ist die Druckgefällslinie zu brechen.

Hierfür ein Beispiel durchzurechnen, dürfte sich wohl erübrigen, da dieser Fall schon sehr oft behandelt wurde. Die Höhen des Druckgefälles berechnen sich für jeden beliebigen Punkt (siehe Fig. 3) nach der Gleichung

$$h_x = \frac{h \cdot l_r}{l} \quad \ldots \ldots \quad (28).$$

c) Leitungen mit konstanten Belastungsstrecken von verschiedener Belastungshöhe.

Bei diesem Belastungsfall hat die Gefällslinie einen nach unten gesetzmäßig gekrümmten Verlauf. (Siehe Fig. 8.) Die Werte von h_1, h_2 ... h_n berechnen sich nach der folgenden Gleichung

$$h_1 = C \sqrt[3]{Q_{k_1}} \cdot l_1,$$

$$h_2 = C \sqrt[3]{Q_{k_2}} \cdot l_2 + h_1$$

oder für alle Strecken gültige Gleichung

$$h_n = C \sqrt[3]{Q_{k_n}} \cdot l_n + \Sigma\, h_{n-1} \ldots \ldots \quad (29).$$

In dieser Formel bedeutet C eine Konstante, die sich nach folgender Gleichung berechnet:

$$C = \frac{h}{\Sigma\, (l_n \sqrt[3]{Q_{k_n}})} \quad . \quad\quad . \ . \ (30).$$

In den beiden Gleichungen bedeuten:

h der gesamte Druckverlust in mm,

h_n der Druckverlust bis am Ende der n ten Belastungsstrecke in mm,

Q_{kn} die Belastung der $n$ten Belastungsstrecke in Stdcbm,

l_n die Länge der $n$ten Belastungsstrecke in m.

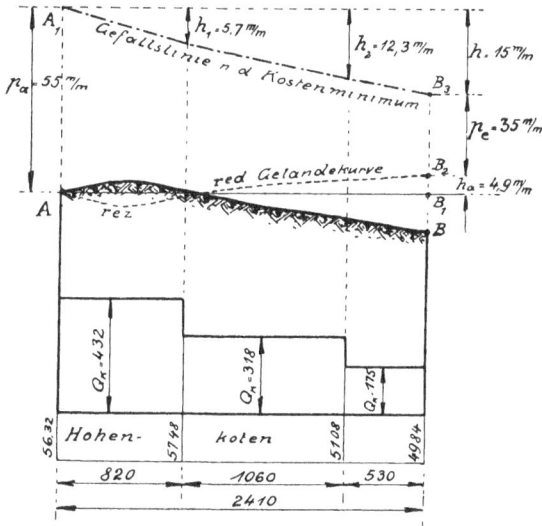

Fig. 8.

18. Beispiel.

Eine Gasleitung von 2410 m Länge ist auf 820 m mit 432 Stdcbm, auf 1060 m mit 318 Stdcbm und auf 530 m mit 175 Stdcbm belastet. (Siehe Fig. 8.) Der Anfangsdruck beträgt $p_a = 55$ mm, und der Enddruck p_e soll 35 mm nicht unterschreiten. Die Höhenkoten der Leitungstraße gehen aus der Fig. 8 hervor. Das spezifische Gewicht dse Gases beträgt 0,42.

Es sollen die wirtschaftlichen Rohrdurchmesser für diese Leitung bestimmt werden.

L ö s u n g.

Zuerst muß die Druckgefällslinie des Kostenminimums festgestellt werden, wozu der zur Verfügung stehende Druckverlust zu ermitteln ist. Nach der Formel (12) ist am Ende der Leitung

$$h_a = (56,32 - 49,84) \cdot 0,75 = 4,9 \text{ mm.}$$

Mithin ist h nach Gleichung (13)

$$h = 55 - (35 + 4,9) = \backsim 15 \text{ mm.}$$

Um die Werte h_1 und h_2 (Fig. 8) nach Gleichung (29) bestimmen zu können, muß zuerst die Konstante C nach Gleichung (30) ermittelt werden. Es ist

$$C = \frac{15}{820 \sqrt[3]{432} + 1060 \sqrt[3]{318} + 530 \sqrt[3]{175}} = 0,0009147.$$

Somit nach Gleichung (29)

$$h_1 = 0,0009147 \sqrt[3]{432} \cdot 820 = 5,7 \text{ mm,}$$

$$h_2 = 0,0009147 \sqrt[3]{318} \cdot 1060 + 5,7 = 12,3 \text{ mm,}$$

$$h_3 = h = 15 \text{ mm.}$$

Da nun die Druckhöhen der Gefällslinie bekannt sind, so lassen sich die Rohrdurchmesser der Einzelstrecken berechnen, was mit Hilfe der Tabelle 4 geschehen soll. Für die erste Teilstrecke ist nach Gleichung (5)

$$\varepsilon_1 = \frac{5,7}{820} = 0,00696.$$

Für dieses Gefälle ist bei einer Belastung von 432 Stdcbm nach der Tabelle 4 ein 300 mm-Rohrdurchmesser erforderlich. Nach Gleichung (26) ist

$$\varepsilon_{x_1} = 0,0067 - \frac{0,0004}{13} (441 - 432) = 0,0064;$$

daher ist $h_1 = 820 \cdot 0,0064 = 5,2 \text{ mm.}$

Für die nächste Teilstrecke steht somit ein Gefälle von $12,3 - 5,2 = 7,1$ mm zur Verfügung; daher

$$\varepsilon_2 = \frac{7,1}{1060} = 0,0067.$$

Hierfür ist bei einer Belastung von 318 Stdcbm ein Rohrdurchmesser von 275 mm lichte Weite erforderlich. Der hierbei auftretende Druckverlust ist

$$\varepsilon_{x_2} = 0,0056 - \frac{0,0006}{18}\,(326 - 318) = 0,0053.$$

Somit nach Gleichung (5)
$$h_2 = 5,2 + 0,0053 \cdot 1060 = 10,8 \text{ mm}.$$
Der nun noch verfügbare Druckverlust ist
$$15 - 10,8 = 4,2 \text{ mm}.$$
Das spezifische Gefälle ist
$$\varepsilon_3 = \frac{4,2}{530} = 0,081.$$

Für dieses Gefälle und eine Belastung von 175 Stdcbm ist gemäß der Tabelle 4 ein 200 mm-Rohr erforderlich. Es ist nach Gleichung (26)

$$\varepsilon_{x_3} = 0,0083 - \frac{0,0006}{5} \cdot (179 - 175) = 0,0078;$$

daher ist
$$h_3 = h = 10,8 + 0,0078 \cdot 530 = 14,9 \text{ mm}.$$
Der eintretende Enddruck ist somit nach Gleichung (13)
$$p_e = 55 - (14,9 + 4,9) = 35,1 \text{ mm}.$$

Aus diesem Beispiel ist ersichtlich, daß es, bedingt durch die handelsüblichen Rohrdurchmesser, nicht möglich war, die Leitung genau dem Kostenminimum entsprechend anzulegen, was übrigens nur ausnahmsweise möglich sein wird.

d) Leitungen mit konstanter Gasabgabe.

Leitungen mit dieser Belastungsart kommen so selten vor, daß es nicht notwendig erscheint, auf diesen Belastungsfall näher einzugehen. In der Praxis wird man diesen Belastungsfall ganz außergewöhnlich selten antreffen. Aus diesem Grunde soll die Formel zur Bestimmung der ökonomischen Druckgefällslinie nur kurz angeführt werden:

$$h_x = h\left(1 - \frac{l_x}{l}\sqrt{\frac{l_x}{l}}\right) \tag{31}.$$

Die Bezeichnungen gehen aus Fig. 9 hervor. Für solche Leitungen wird man wohl immer einen konstanten Rohrdurchmesser wählen, da die tatsächliche Druckgefällslinie bei gleichem Rohrdurchmesser und konstanter Gasentnahme eine nach unten gekrümmte Form annimmt und sich der Druckgefällslinie nach dem Kostenminimum sehr nähert. Die obige Gleichung bedarf wegen ihrer Einfach-

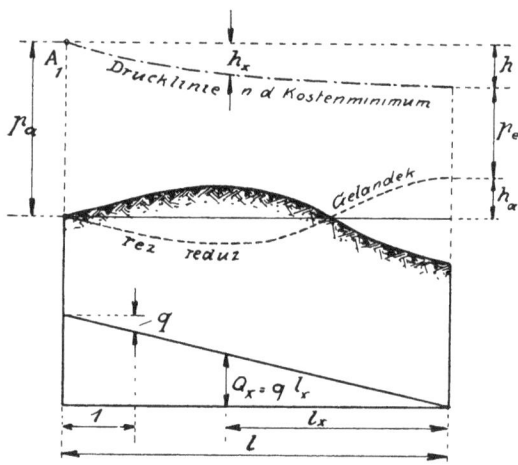

Fig. 9.

heit sicher keiner weiteren Erläuterung. Die Werte von l und l_x werden in m und h in mm eingesetzt.

Die lichte Weite bei konstantem Rohrdurchmesser bestimmt sich nach der Gleichung

$$d = C \sqrt[5]{\frac{(q \cdot l)^2}{\varepsilon \cdot 3}} \qquad . \ (32).$$

e) Leitungen mit konstanter Gasentnahme und -abgabe am Ende.

Im allgemeinen gilt hier das gleiche wie das im vorigen Abschnitte Gesagte. Daher wollen wir uns hier nur auf die Angabe der Gleichung zur Bestimmung der wirtschaftlichen

Druckgefällslinie beschränken. Diese Formel lautet:

$$h_x = h \frac{Q_a \sqrt[3]{Q_a} - Q_x \sqrt[3]{Q_x}}{Q_a \sqrt{Q_a} - Q_x \sqrt[3]{Q_x}} \quad \ldots \quad (34).$$

Die gewählten Bezeichnungen gehen aus der Fig. 10 deutlich hervor. Die Werte von Q_x berechnen sich nach der Gleichung

$$Q_x = Q_e + q \cdot l_x.$$

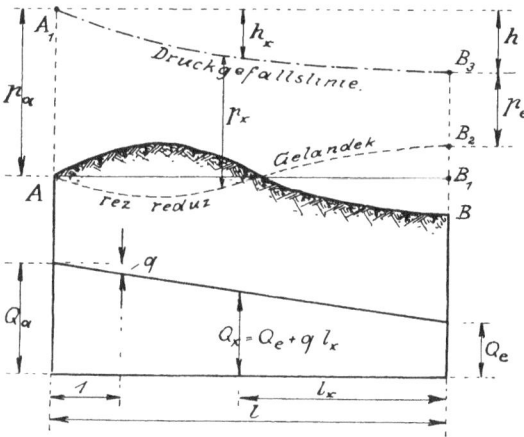

Fig. 10.

Wenn die Rohrstrecken nicht außergewöhnlich lang sind, so wird man stets einen konstanten Rohrdurchmesser wählen, da die tatsächliche Druckgefällslinie in diesem Falle mit der Drucklinie des Kostenminimums fast kongruent verläuft. Es ist daher für einen solchen Belastungsfall ein konstanter Durchmesser am Platze. Man bestimmt die lichte Weite der Rohrleitung nach der Gleichung (20)

$$d = C \sqrt[5]{\frac{1}{\varepsilon} \left[\frac{(q \cdot l^2}{3} + q \cdot l \cdot Q_e + Q_e^2 \right]}.$$

f) Leitungen mit Aneinanderreihung von konstanten Belastungen und gleichmäßiger Gasentnahme.

Dieser Belastungsfall ist am häufigsten anzutreffen. Alle größeren Leitungsstrecken in den Rohrnetzen sind hinzuzurechnen. Wie wir später sehen werden, erfordern Leitungen, die nach dieser Art belastet sind, die langwierigsten Rechnungen. Je nach Art der Belastung der einzelnen Teilstrecken gelten für die Bestimmung der wirtschaftlichen Druckgefällslinie folgende Gleichungen.

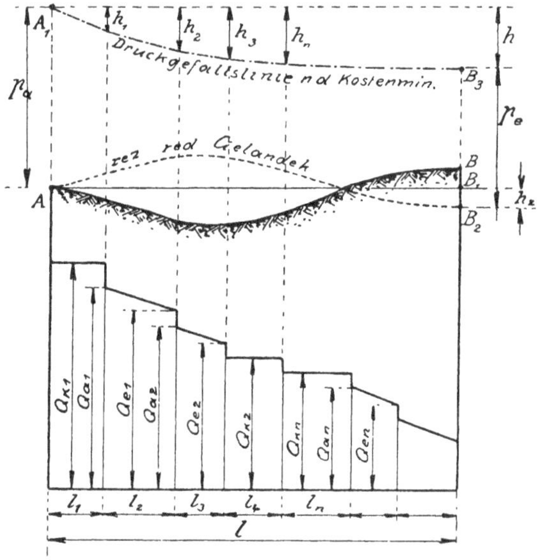

Fig. 11.

Für alle konstanten Belastungsstrecken wird die jeweilige Höhe der Drucklinie nach folgender Gleichung bestimmt:

$$h_n = C \sqrt[3]{Q_{kn}} \cdot l_n + h_{n+1}.$$

Weiter gilt für die Bestimmung der einzelnen Höhen der Gefällslinie für alle Strecken mit konstanter Gasentnahme:

$$h_n = \frac{3\,C}{4\,q} \left[Q_a \sqrt[3]{Q_a} - Q_e \sqrt[3]{Q_e} \right] + h_{n-1}$$

Der Wert der Konstanten C ermittelt sich für beide Formeln nach der Gleichung

$$C = \frac{h}{\Sigma \left(\sqrt[3]{Q_{kn}} \cdot l_n \right) + \frac{3}{4\,q} \Sigma \left(Q_{an} \sqrt[3]{Q_{an}} - Q_{en} \sqrt[3]{Q_{en}} \right)}.$$

Aus diesen Gleichungen ist ersichtlich, daß die Berechnung der wirtschaftlichen Druckgefällslinie für diesen Belastungsfall sehr viel Zeit erfordert.

Da nun bei Gasrohrleitungen die Gasentnahme pro Längeneinheit, je nach der Wohlhabenheit der Anwohner, großen Schwankungen unterworfen ist, so lassen sich in diesem Fall die drei letzten Gleichungen nicht verwenden. Ohne einen nennenswerten Fehler zu begehen, benutzt man daher besser die Gleichungen (29) und (30) mit geringen Änderungen auch für diesen Belastungsfall. In diesem Falle würden die Gleichungen lauten:

$$h = C \sqrt[3]{Q_{kn}} \cdot l_n + h_{n-1}, \text{ bzw. } C \sqrt[3]{Q_{mn}}\, l_n + h_{n-1}. \quad (35).$$

Die Konstante C würde sich bestimmen zu:

$$C = \frac{h}{\Sigma \left(l_n \sqrt[3]{Q_{kn}} \right) + \Sigma \left(l_n \sqrt[3]{Q_{mn}} \right)} \quad . \quad . \quad . \quad (36).$$

In diesen Formeln ist $Q_{mn} = \frac{Q_{an} + Q_{en}}{2}$. Diese Gleichungen kommen bei Bestimmung der wirtschaftlichen Druckgefällslinien für Gasrohrnetze ganz besonders in Frage.

Von der Durchrechnung eines Beispieles soll abgesehen werden, da im Abschnitt »Rohrnetzberechnung« hierauf zurückgekommen wird.

Zur Ermittlung der wirtschaftlichen Druckgefällslinie für diesen Belastungsfall bedient man sich der Übersichtlichkeit halber der folgenden Tabelle:

Strecke	l_n	Q_{nm}	$\sqrt[3]{Q_{mn}}$	$l_n \sqrt[3]{Q_{mn}}$	C	$C\sqrt[3]{Q_{mn}}$	$C\sqrt[3]{Q_{mn}} \cdot l_n$	$h_n = \Sigma C \sqrt[3]{Q_{mn}}\, l_n$
1—2	250	2260	13,2	3300		0,0149	3,7	3,7 m
2—3	175	2091	12,8	2240	0,00113	0,0145	2,5	6,2 ,,
3—4	60	2075	12,8	770		0,0145	0,9	7,1 ,,

Die Werte der Spalte 4 werden der Tabelle 5 entnommen. Die Konstante C wird nach Gleichung (36) ermittelt. In der letzten Spalte sind die Werte von h_n, also die jeweiligen Summen der Spalte 8, eingetragen.

Tabelle 5. Tabelle der Werte von

1—50		51—100		101—150		151—200		202—300	
Q	$\sqrt[3]{Q}$	Q	$\sqrt[3]{Q}$	Q	$\sqrt[3]{Q}$	Q	$\sqrt[3]{Q}$	Q	$\sqrt[3]{Q}$
1	1,00	51	3,71	101	4,66	151	5,33	202	5,87
2	1,26	52	3,73	102	4,67	152	5,34	204	5,89
3	1,44	53	3,76	103	4,69	153	5,35	206	5,91
4	1,59	54	3,79	104	4,70	154	5,36	208	5,93
5	1,71	55	3,80	105	4,72	155	5,37	210	5,94
6	1,82	56	3,83	106	4,73	156	5,38	212	5,96
7	1,91	57	3,85	107	4,75	157	5,40	214	5,98
8	2,00	58	3,87	108	4,76	158	5,41	216	6,00
9	2,08	59	3,89	109	4,78	159	5,42	218	6,02
10	2,15	60	3,91	110	4,79	160	5,43	220	6,04
11	2,22	61	3,94	111	4,81	161	5,44	222	6,05
12	2,29	62	3,96	112	4,82	162	5,45	224	6,07
13	2,35	63	3,98	113	4,83	163	5,46	226	6,09
14	2,41	64	4,00	114	4,85	164	5,47	228	6,11
15	2,47	65	4,02	115	4,86	165	5,48	230	6,13
16	2,52	66	4,04	116	4,88	166	5,50	232	6,14
17	2,57	67	4,06	117	4,89	167	5,51	234	6,16
18	2,62	68	4,08	118	4,90	168	5,52	236	6,18
19	2,67	69	4,10	119	4,92	169	5,53	238	6,20
20	2,71	70	4,12	120	4,93	170	5,54	240	6,21
21	2,76	71	4,14	121	4,95	171	5,55	242	6,23
22	2,80	72	4,16	122	4,96	172	5,56	244	6,25
23	2,84	73	4,18	123	4,97	173	5,57	246	6,27
24	2,88	74	4,20	124	4,99	174	5,58	248	6,28
25	2,92	75	4,22	125	5,00	175	5,59	250	6,30
26	2,96	76	4,23	126	5,01	176	5,60	252	6,32
27	3,00	77	4,25	127	5,03	177	5,61	254	6,33
28	3,04	78	4,27	128	5,04	178	5,63	256	6,35
29	3,07	79	4,29	129	5,05	179	5,64	258	6,37
30	3,11	80	4,31	130	5,07	180	5,65	260	6,38
31	3,14	81	4,33	131	5,08	181	5,66	262	6,40
32	3,17	82	4,34	132	5,09	182	5,67	264	6,41
33	3,21	83	4,36	133	5,10	183	5,68	266	6,43
34	3,24	84	4,38	134	5,12	184	5,69	268	6,45
35	3,27	85	4,40	135	5,13	185	5,70	270	6,46
36	3,30	86	4,41	136	5,14	186	5,71	272	6,48
37	3,33	87	4,43	137	5,16	187	5,72	274	6,50
38	3,36	88	4,45	138	5,17	188	5,73	276	6,51
39	3,39	89	4,46	139	5,18	189	5,74	278	6,52
40	3,42	90	4,48	140	5,19	190	5,75	280	6,54
41	3,45	91	4,50	141	5,20	191	5,76	282	6,56
42	3,48	92	4,51	142	5,22	192	5,77	284	6,57
43	3,50	93	4,53	143	5,23	193	5,78	286	6,59
44	3,53	94	4,55	144	5,24	194	5,79	288	6,60
45	3,56	95	4,56	145	5,25	195	5,80	290	6,62
46	3.58	96	4,58	146	5,27	196	5,81	292	6,63
47	3,61	97	4,59	147	5,28	197	5,82	294	6,65
48	3,63	98	4,61	148	5,29	198	5,83	296	6,66
49	3,66	99	4,63	149	5,30	199	5,84	298	6,68
50	3,68	100	4,64	150	5,31	200	5,85	300	6,69

Tabelle 5.   45

$\sqrt[3]{Q}$ von 0 bis 2800 Stdcbm.   **Tabelle 5.**

302—400		402—500		505 – 750		760—1600		1625—2800	
Q	$\sqrt[3]{Q}$	Q	$\sqrt[3]{Q}$	Q	$\sqrt[3]{Q}$	Q	$\sqrt[3]{Q}$	Q	$\sqrt[3]{Q}$
302	6,71	402	7,38	505	7,96	760	9,13	1625	11,76
304	6,72	404	7,39	510	7,99	770	9,17	1650	11,81
306	6,74	406	7,40	515	8,02	780	9,20	1675	11,88
308	6,75	408	7,42	520	8,04	790	9,24	1700	11,93
310	6,77	410	7,43	525	8,07	800	9,28	1725	11,99
312	6,78	412	7,44	530	8,09	810	9,32	1750	12,05
314	6,80	414	7,45	535	8,12	820	9,36	1775	12,11
316	6,81	416	7,46	540	8,14	830	9,40	1800	12,16
318	6,83	418	7,48	545	8,17	840	9,44	1825	12,22
320	6,84	420	7,49	550	8,19	850	9,47	1850	12,28
322	6,85	422	7,50	555	8,22	860	9,51	1875	12,33
324	6,87	424	7,51	560	8,24	870	9,55	1900	12,39
326	6,88	426	7,52	565	8,27	880	9,58	1925	12,44
328	6,90	428	7,54	570	8,29	890	9,62	1950	12,49
330	6,91	430	7,55	575	8,32	900	9,65	1975	12,55
332	6,92	432	7,56	580	8,34	910	9,69	2000	12,60
334	6,94	434	7,57	585	8,36	920	9,73	2025	12,65
336	6,95	436	7,58	590	8,39	930	9,76	2050	12,70
338	6,97	438	7,59	595	8,41	940	9,80	2075	12,75
340	6,98	440	7,61	600	8,43	950	9,83	2100	12,81
342	6,99	442	7,62	605	8,46	960	9,86	2125	12,86
344	7,01	444	7,63	610	8,46	970	9,90	2150	12,91
346	7,02	446	7,64	615	8,50	980	9,93	2175	12,96
348	7,03	448	7,65	620	8,53	990	9,97	2200	13,01
350	7,05	450	7,66	625	8,55	1000	10,00	2225	13,06
352	7,06	452	7,67	630	8,57	1025	10,08	2250	13,10
354	7,07	454	7,69	635	8,59	1050	10,16	2275	13,15
356	7,09	456	7,70	640	8,62	1075	10,24	2300	13,20
358	7,10	458	7,71	645	8,64	1100	10,32	2325	13,25
360	7,11	460	7,72	650	8,66	1125	10,40	2350	13,30
362	7,13	462	7,73	655	8,68	1150	10,48	2375	13,34
364	7,14	464	7,74	660	8,71	1175	10,55	2400	13,39
366	7,15	466	7,75	665	8,73	1200	10,63	2425	13,43
368	7,17	468	7,76	670	8,75	1225	10,70	2450	13,48
370	7,18	470	7,78	675	8,77	1250	10,77	2475	13,53
372	7,19	472	7,79	680	8,79	1275	10,84	2500	13,57
374	7,20	474	7,80	685	8,81	1300	10,91	2525	13,62
376	7,22	476	7,81	690	8,84	1325	10,98	2550	13,66
378	7,23	478	7,82	695	8,86	1350	11,05	2575	13,71
380	7,24	480	7,83	700	8,88	1375	11,12	2600	13,75
382	7,25	482	7,84	705	8,90	1400	11,19	2625	13,80
384	7,27	484	7,85	710	8,92	1425	11,25	2650	13,84
386	7,28	486	7,86	715	8,94	1450	11,32	2675	13,88
388	7,29	488	7,87	720	8,96	1475	11,38	2700	13,92
390	7,30	490	7,88	725	8,98	1500	11,45	2725	13,97
392	7.32	492	7,89	730	9,00	1525	11,51	2750	14,01
394	7,33	494	7,91	735	9,02	1550	11,57	2775	14,05
396	7.34	496	7,92	740	9,04	1575	11,64	2800	14,09
398	7,36	498	7,93	745	9,06	1600	11,70		
400	7,37	500	7,94	750	9,09				

g) Einfaches analytisches Verfahren zur Bestimmung der Druckgefällslinie.

Von den fünf erwähnten Belastungsfällen begegnen uns die unter c und f angeführten Fälle in der Praxis am meisten. Aus den angegebenen Formeln ist ersichtlich, welche Unmenge von Zeit für die Bestimmung der wirtschaftlichen Druckgefällslinie verwandt werden muß, was vielleicht manchen von der Anwendung abhalten dürfte. Aus diesem Grunde soll hier ein Verfahren besprochen werden, welches auf einfache und mehr mechanische Weise unter Zuhilfenahme von Tabellen die Berechnung der Drucklinie nach dem Kostenminimum gestattet.

Die erste Aufgabe bei dieser Rechnungsweise ist die Bestimmung der Konstante C nach der Gleichung (36). Ist dies geschehen, so stellt man sich folgende Tabelle auf:

Strecke	Q_{kn} bzw. Q_{an}	$\sqrt[3]{Q_x}$	C	$C\sqrt[3]{Q_x}$	ε	l_n	$h_n = \varepsilon \cdot l_n$	Σh_n
$1-2$	$Q_k = 2266$	13,2		0,0149	0,0149	250	3,7	3,7
$2-3$	$Q_a = 2091$	12,8	0,00113	0,0145	0,0145	175	2,5	6,2
	$Q_e = 2071$	12,8		0,0145				
$3-4$	$Q_a = 974$	9,9		0,0112	0,0104	210	2,2	8,4
	$Q_e = 623$	8,5		0,0096				

In dieser Tabelle sind die Werte der zweiten Spalte die jeweiligen Belastungen der einzelnen Strecken in Stdcbm. Die Werte $\sqrt[3]{Q_x}$ werden der Tabelle 5 entnommen. Das spezifische Druckgefälle der 6. Spalte wird gefunden, indem man die Konstante C mit $\sqrt[3]{Q_x}$ multipliziert. Hat man es mit Strecken mit konstanter Gasentnahme zu tun, so ist ε das Mittel zwischen $C\sqrt[3]{Q_a}$ und $C\sqrt[3]{Q_e}$. Z. B.:

$$\varepsilon = \begin{vmatrix} C\sqrt[3]{974} = 0,0112 \\ C\sqrt[3]{623} = 0,0096 \end{vmatrix} = 0,0104.$$

Die Werte der Spalte 9 sind die jeweiligen Summen der Spalte 8, so (siehe obige Tabelle)
$$3,7 + 2,5 = 6,2 \text{ mm}$$
$$3,7 + 2,5 + 2,2 = 8,4 \text{ mm}.$$

Dieses dürfte genügen, um den Gang der Rechnung kennen gelernt zu haben.

Dritter Abschnitt.
Die Berechnung von Gasrohrnetzen.

a) Allgemeines.

Ein System von Gasrohrleitungen, die in den Straßenzügen der Städte und Ortschaften unterirdisch verlegt sind,
durch welche das Gas den Konsumstellen zugeführt wird,
bezeichnet man als Gasrohrnetz.

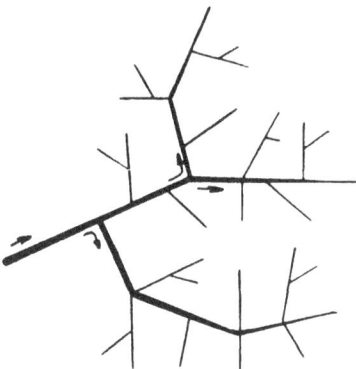 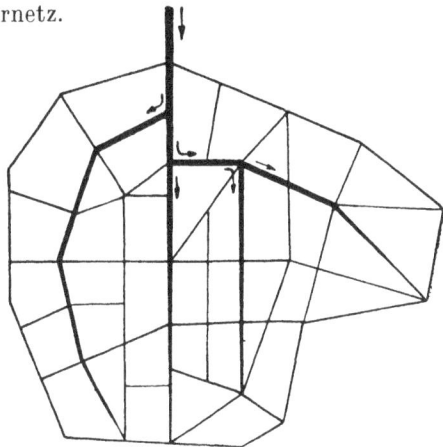

Fig. 12.   Fig. 13.

Je nach Art der Verteilung der Rohrleitungen in den
Straßenzügen benennt man das System des Rohrnetzes.
Man unterscheidet Gasrohrnetze nach dem Verästelungs-
und nach dem Zirkulationssystem. Bei dem Verästelungs-
system zweigen die einzelnen Leitungen von der Stammleitung
ab, ohne (siehe Fig. 12) daß sich diese an irgendeiner Stelle
wieder vereinigen. Solche Netze kommen nur in kleinen Ortschaften vor, wo aus Mangel an Verbindungsstraßen die Legung
von Verbindungsleitungen nicht möglich ist.

Bei dem am meisten angewandten Zirkulationssystem
gehen die Hauptleitungen durch einzelne Stadtgebiete, welche
wiederum durch kleinere Leitungen miteinander verbunden

sind.   Die Vorteile dieses Rohrnetzsystemes (siehe Fig. 13)
liegen darin, daß ein jeder Punkt im Stadtgebiet von zwei
Seiten aus versorgt werden kann, wodurch die Leitungen sich
in gewissen Fällen gegenseitig unterstützen können.   Die Aus-
bildung dieser Netze richtet sich ganz nach der Lage des
Gaswerkes zum Versorgungsgebiet.

Rohrnetze nach dem Kreislaufsystem (siehe Fig. 14 und
15) sind ebenfalls zu dem Zirkulationssystem zu rechnen.
Bei dieser Art von Rohrnetzen
wird ein gewisser Teil des

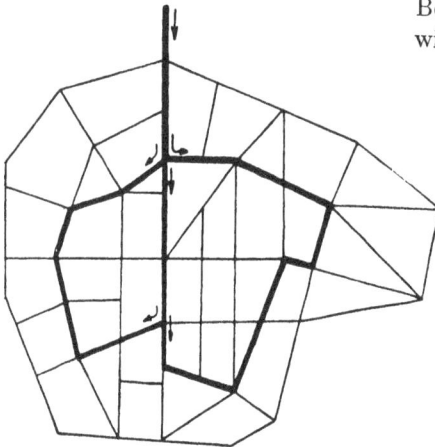 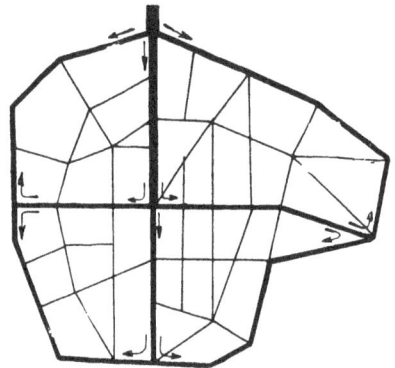

Fig. 14.   Fig. 15.

Stadtgebietes oder einzelne Gebietsteile durch Ringleitungen
umschlossen.   Rohrnetze nach diesem System sind teurer
als solche nach dem einfachen Zirkulationssystem, da die
Leitungen von größerem Durchmesser ziemliche Längen erfordern.   Es werden den nach dem Kreislaufsystem angelegten
Rohrnetzen bessere Druckverhältnisse nachgerühmt.   Mit
einem richtig angelegten Rohrnetz nach dem Zirkulationssystem lassen sich jedoch ebenso gute Druckverhältnisse erreichen als mit dem ersteren System.   Vom wirtschaftlichen
Standpunkt aus ist dem Zirkulationssystem immer der Vorzug
zu geben.

Diejenigen Rohrstränge von größerem Durchmesser,
von denen sich die kleineren Rohrleitungen abzweigen, bezeichnet man als Speiseleitungen, während die

kleineren Leitungen V e r t e i l u n g s l e i t u n g e n genannt werden. Wir wollen die Gebietsteile, die jede Speiseleitung mit den zugehörigen Verteilungsleitungen bestreicht,
»V e r s o r g u n g s - oder V e r b r a u c h s z o n e« nennen.
Die Versorgungszonen darf man vom wirtschaftlichen Standpunkt aus nicht so klein wählen, da sich eine größere Rohrleitung mehreren kleineren Leitungen von gleicher Leistung gegenüber bedeutend billiger stellt. Kleine Orte wird
man daher in eine Versorgungszone einteilen, während man
größere Städte je nach Umfang in mehrere Verbrauchs-

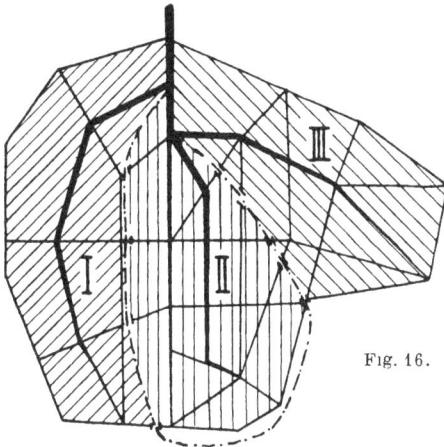

Fig. 16.

zonen einteilt. In Fig. 16 ist schematisch eine Stadt mit
drei Versorgungszonen dargestellt. Die Grenzen der einzelnen Verbrauchszonen sind durch strichpunktierte Linien
und verschiedenartige Schraffur zu erkennen gegeben.

Diejenigen Stellen, wo sich die Verteilungsleitungen
der einzelnen Versorgungszonen treffen, bezeichnet man als
S c h e i d e p u n k t e. Solche Scheidepunkte trifft man
nicht allein dort an, sondern sie treten auch in den Verbrauchszonen selbst auf. Alle Punkte, wo die Versorgungs-
bereiche der einzelnen Verteilungsleitungen (siehe Tafel 3)
zusammenstoßen, sind ebenfalls als Scheidepunkte anzusehen.

Ein Rohrnetz wird am wirtschaftlich günstigsten ange-
legt, wenn man sucht, das Gas auf dem kürzesten Weg seinem

Bestimmungsort zuzuführen. Es dürfte ohne weiteres klar
sein, daß mit großen Wegen ein größerer Reibungsverlust
verbunden ist. Damit aber der Druck im Rohrnetz nicht die
zulässige Grenze unterschreitet, so sind auch größere Rohrdurchmesser erforderlich. Praktisch sucht sich auch das Gas den
kürzesten Weg, da so die geringsten Druckverluste entstehen.

Es kommt oft vor, daß Rohrleitungen nach Jahren
durch den sich immer steigernden Konsum zu schwach werden.
In solchen Fällen hilft man sich in der Weise, daß man den
Speisesträngen eine neue Leitung parallel verlegt. Oder bei
Anlegung einer neuen Versorgungszone wird die Speiseleitung
so groß bemessen, daß diese an einer geeigneten Stelle der
zu schwach gewordenen Leitung durch eine Verbindungsleitung
letztere zu unterstützen vermag. Natürlich ist in einem solchen
Falle eine genaue Untersuchung des Netzes unumgänglich.

b) Ermittlung des maximalen Stundenverbrauches pro Einwohner.

In den besprochenen Abschnitten ist bereits gesagt wor-
den, daß bei zunehmender Belastung der Rohrleitungen die
Druckverluste ebenfalls zunehmen. Aus diesem Grunde ist
es unbedingt erforderlich, die Belastungen zu ermitteln, die
im höchsten Fall im Rohrnetz auftreten können. Für die
Berechnung von Gasrohrnetzen ist daher auf jeden Fall die
Maximalbelastung zugrunde zu legen. Bei eintretender
Höchstbelastung darf der niedrigst zulässige Druck an keiner
Stelle im Rohrnetz unterschritten werden. Als niedrigste
Grenze kann ein Druck von 35 bis 40 mm Wassersäule ange-
sehen werden, da ein Invertbrenner wenigstens einen Druck
von 35 mm erfordert. Mit dem Passieren des Gases durch
den Gasmesser ist ebenfalls ein Druckverlust verknüpft.
Es ist nur zu begrüßen, daß in neuerer Zeit angeregt wird, den
Druck im Rohrnetz zu erhöhen.

Die Aufgabe wäre nun, einen Weg zu finden, auf welche
Weise man am zweckmäßigsten die maximale Belastung des
Rohrnetzes bestimmen kann. Zu diesem Zwecke leistet uns die
Tabelle 6 wertvolle Dienste. Die Werte sind der statistischen
Zustellung der Betriebsergebnisse der Gaswerke entnommen.

Stadt	Anzahl der Einwohner in 1000	Höchster Stundenverbrauch in cbm	Stadt	Anzahl der Einwohner in 1000	Höchster Stundenverbrauch in cbm
3000 bis 10000 Einwohner			Völklingen . . .	16	344
Arnstadt	7	300	Leobschütz . . .	13	484
Buxtehude	7	210	Soest	18	420
Pritzwalk . .	8	306	Thann	13	220
Sondershausen . .	9	310	Durlach	14	380
Ohlau	9	322	Merseburg	20	467
Nauen .	9	260	Salzwedel	13	85
Sprottau	8	400	Sonneberg	16	590
Jülich . .	6	400	Steele	20	510
Perleberg . . .	10	321	Neuwied	19	523
Berg.-Gladbach	10	350	Glatz	17	530
Vegesack	4	366	Bingen	12	490
Dülken .	10	480	Güstrow i. Meckl. .	17	558
Husum	10	320	Goslar	18	532
Höxter a. W.	8	220	Ansbach	19	685
Troisdorf	6	220	Wilhelmsburg .	26	470
Wildungen .	4	138	Offenburg i. B.	16	870
Schmolln S.-A.	11	168	Wald	25	530
Zwönitz . . .	3	195	Schwelm	18	558
Gottesberg i. Schl.	11	47	Wetzlar	13	477
Simmern	3	114	Wurzen	18	596
11000 bis 50000 Einwohner			Waldenburg i.Schl.	47	602
Beuel	16	210	Sorau	16	590
Myslowitz . . .	17	320	Burg	23	610
Eupen	14	330	Sagan	15	209
Oschatz	11	389	Gumbinnen . . .	14	600
Ölsnitz i. Vogtl.	20	495	Peine	16	535
Oels i. Schl. . .	11	380	Wittenberge . . .	20	500
Großenhain	13	490	Landshut i. B. . . .	24	669
Griesheim .	11	260	Wernigerode . . .	19	620
Helmstedt	16	390	Weidau	30	740
Eilenburg	17	420	Memel	21	629
Hohenstein .	15	410	Rendsburg	16	500
Schwabach . .	11	345	Pirna .	20	725
Homburg v. d. H.	15	390	Emmerich	13	650*
Tarnowitz	13	408	Döbeln . . .	23	770
Riesa .	15	450	Fulda	22	790

Stadt	Anzahl der Einwohner in 1000	Höchster Stunden- verbrauch in cbm	Stadt	Anzahl der Einwohner in 1000	Höchster Stunden- verbrauch in cbm
Neuruppin . . .	21	690	Guben	38	1030
Schwäb.-Gemünd	21	640	Lüneburg	28	805
Elmshorn	15	237	Kreuznach . . .	23	1070
Naumburg . . .	25	780	Annaberg	21	1162
Wittenberg . . .	24	780	Iserlohn	31	930
Schweidnitz . . .	32	282	Hamm	43	1060
Rathenow	24	650	Gießen	34	1100
Brieg	30	760	Höchst	29	980
Koburg	23	900	Bautzen	30	1205
Aschersleben . . .	28	827	Stolp	33	900
Emden	22	760	Minden . . ·. . .	26	1250
Oppeln	31	1020	Celle	22	985
Neisse	25	805	Wesel	24	1110
Kattowitz	41	732	Tilsit	40	1028
Wismar	24	770	Eisenach	39	1180
Kleve	18	800	Witten-Ruhr . .	43	1110
Hameln	22	800	Baden-Baden . .	21	1350
Mittweida	19	940	Weimar	33	1200
Siegburg.	17	750	Zittau	39	1500
Glauchau	27	1180	Oldenburg	32	1530
Erlangen	24	745	Meißen	40	1529
Marburg	21	860	Graudenz	39	1380
Eberswalde . . .	27	980	Thorn	48	1570
Ludwigsburg . .	23	758	Eßlingen	32	1600
Kolberg	25	858	Worms	44	1860
Reutlingen. . . .	26	990	Kottbus	48	1829
Landsberg a. W. .	40	910	Bremerhaven. . .	25	1230
Greiz	23	1180	Halberstadt . . .	46	1785
Frankenthal . . .	19	850	Hanau	41	2070
Ohligs	28	740	Hildesheim . . .	49	1710
Zweibrücken . . .	17	740	Solingen	50	1900
Beuthen	50	1090	Göttingen	36	1930
Crimmitschau . .	34	1000			
Strahlsund . . .	33	900	**51 000 bis 100 000 Einwohner**		
Mühlhausen-Th. .	34	1100	Lauscha	61	200
Godesberg	15	1040	Herne	57	980
Bernburg	34	1050	Elbing	56	1210

Stadt	Anzahl der Einwohner in 1000	Höchster Stunden- verbrauch in cbm	Stadt	Anzahl der Einwohner in 1000	Höchster Stunden- verbrauch in cbm
Oberhausen-Rhld..	62	1165	Dessau	5335	35 620
Mülheim-Rh. . .	52	1340	Dresden	5167	30 630
Gera	60	1800	Charlottenburg . .	5418	21 250
Forst	84	2257	Köln	5282	21 820
Heilbronn	57	1800	München	5540	15 640
Brandenburg . .	53	1730	Bremen	5580	14 830
Spandau.	75	1945	Düsseldorf. . . .	5300	13 780
Liegnitz	65	1870	Stuttgart	5700	11 210
Trier	55	2080	Nürnberg	5419	11 570
Ludwigshafen . .	84	2200	Elberfeld	5427	7 150
Kaiserslautern . .	54	2140	Königsberg . . .	5380	7 400
Metz	88	2180	Chemnitz	5250	8 553
Osnabrück . . .	66	992	Magdeburg. . . .	5205	7 750
Remscheid . . .	62	2052	Karlsruhe	124	7 490
Harburg	60	2190	Essen	279	6 500
Zwickau	79	2900	Stettin	231	6 720
Würzburg	86	2710	Kiel.	141	6 060
Flensburg	56	2200	Mannheim	179	6 270
Lichtenberg . . .	87	2590	Wiesbaden . . .	121	6 310
Bromberg	75	2500	Krefeld	137	5 520
Fürth	63	2650	Posen	145	5 200
Heidelberg . . .	60	2440	Plauen	113	6 090
Bielefeld	75	3680	Kassel.	159	4 790
Offenbach	75	3630	Mainz	105	4 340
Bonn	90	3940	Mülhausen . . .	114	3 200
Darmstadt . . .	95	3970	Braunschweig . .	144	4 020
Pforzheim	62	4100	Duisburg	123	3 670
			Lübeck	102	3 150
über 101 000 Einwohner			Bochum	153	3 430
Berlin	5200	120000	Mülheim-Ruhr . .	110	2 390
Hamburg	4696	40850			

Unter Zuhilfenahme dieser Tabelle wird man in die Lage versetzt, unter Beachtung der jeweiligen vorliegenden Verhältnisse, den zu erwartenden höchsten Stundenverbrauch zu ermitteln der für die Berechnung anzunehmen ist. Wie

der Tabelle 6 zu entnehmen ist, weichen die Werte der höchsten Stundenabgabe sehr voneinander ab.   Die Höhe der
Gasabgabe hängt von sehr vielen Faktoren ab.   Die Gasabgabe steht im engen Zusammenhange mit der Wohlhabenheit der Bevölkerung, des Gaspreises, ausgiebiger öffentlicher
Beleuchtung usw.   Ungünstige Gasabgabebedingungen beeinträchtigen die Gasabgabe sehr.   Hier sei besonders das
Stellen von Kautionen erwähnt, die von der Arbeiterbevölkerung unerschwinglich sind, und sonst noch erschwerende Bedingungen, die in manchen Städten leider noch anzutreffen sind.

Steht man vor der Aufgabe, den zu erwartenden Kopfverbrauch einer Gemeinde festzustellen, so zieht man sich eine
Anzahl von Städten heraus, in denen dieselben oder ungefähr
die gleichen Verhältnisse herrschen wie in den in Frage stehenden
Ort.   In den meisten Fällen bieten die am nächsten liegenden
Städte den besten Vergleich.   Es dürfte immer von Vorteil
sein, solche Städte für den Vergleich herauszugreifen, die eine
größere Einwohnerzahl haben, oder man berücksichtigt
eine gewisse Zunahme.   Der Verbrauch pro Kopf steigt gewöhnlich mit der Zunahme der Bevölkerung etwas; denn es
ist ohne Zweifel, daß das Bedürfnis nach Licht in immer
größerem Maßstabe zunimmt.

Bezeichnet S_h den höchsten Stundenverbrauch, so ist die
mittlere höchste Stundenabgabe der zum Vergleich herangezogenen Städte

$$S_m = \frac{\Sigma S_h}{n} \qquad . \qquad . \ (37),$$

wenn n die Zahl der betreffenden Städte bedeutet.   Dieser
Wert ist in obiger Form nicht brauchbar, sondern es ist nur
der Verbrauch pro Einwohner für die Berechnung von Nutzen.
Es ist

$$S_e = \frac{\Sigma S_h}{e} \qquad . \ (38).$$

In dieser Gleichung bedeutet:

   e die Summe der Einwohnerzahl der zum Vergleich herangezogenen Städte,
   S_e der maximale Stundenverbrauch pro Einwohner.

c) Der Gasverbrauch pro m ausgebaute Straße.

Zuerst ermittelt man, am besten nach dem Stadtplan, die Straßenlängen der Stadtgebietsteile mit normaler Wohngegend. Außerdem ermittelt man die Einwohnerzahl, die auf die ermittelte Straßenlänge entfällt. Nach dieser Feststellung ist es einfach, die Einwohnerzahl zu ermitteln, die auf einen laufenden Meter ausgebauter Straße in normaler Wohngegend entfällt. Daher ist

$$n_e = \frac{n_s}{s} \quad \ldots \ldots \ldots (39),$$

wenn n_e die Anzahl der Einwohner auf 1 m Straßenlänge,
     s die Länge der ausgebauten Straßenlänge und
     n_s die Anzahl der Einwohner auf die Straßenlänge s
bedeutet.

Es ist wohl zu überlegen, ob nicht der so gefundene Wert erhöht werden muß, da vielleicht die Bauvorschriften mehrstöckige Häuser zulassen als die bestehenden, oder sonst andere Gründe für eine Erhöhung sprechen.

Die Gasabgabe q in Stdcbm pro lfd. m ausgebaute Straßenlänge, die für die Berechnung notwendig ist, bestimmt sich somit zu

$$q = S_e \cdot n_e \quad\quad\quad . \ (40).$$

Für die Bestimmung von q haben wir nur die Straßen der normalen Wohngegend berücksichtigt, da sich die Gasabgabe nicht gleichmäßig auf die Einwohnerzahl verteilt, sondern sich ganz nach der Art der Straßen und den Anwohnern richtet. Wir betrachten also den Wert von q als Einheitswert und nehmen in den übrigen Straßen ein Vielfaches von q an. In dem Kalender für Gas- und Wasserfach ist die folgende Tabelle 7 angegeben, woraus die Gasabgabe zu entnehmen ist, die auf einen lfd. m ausgebaute Straße, je nach dem Charakter der Gegend, zu rechnen ist.

Die Werte dieser Tabelle durften für einige Städte zu hoch und für andere unter Umständen nicht hoch genug sein. In kleineren Städten spricht man ebensogut von besten oder guten Geschäftsstraßen usw., trotzdem das Bedürfnis nach Licht bis auf viele Jahre hinaus nicht so groß sein durfte wie in den

Tabelle 7.

Spalte	Charakter der Gegend	q_n	x_n
1	Beste Geschäftsgegend	$q_1 = 0{,}28$	$x_1 = 2{,}8$
2	Gute »	$q_2 = 0{,}24$	$x_2 = 2{,}4$
3	Normale »	$q_3 = 0{,}16 - 0{,}18$	$x_3 = 1{,}6 - 1{,}8$
4	Gute Wohngegend	$q_4 = 0{,}12 - 0{,}13$	$x_4 = 1{,}2 - 1{,}3$
5	Normale Wohngegend	$q_5 = 0{,}08 - 0{,}10$	$x_5 = 1{,}0$
6	Wohngegend mit Arbeiter-bevölkerung	$q_6 = 0{,}04 - 0{,}06$	$x_6 = 0{,}4 - 0{,}6$
7	Unausgesprochene Gegend	$q_7 = 0{,}04$	$x_7 = 0{,}4$

Großstädten. Dort, wo dem Gas Elektrizität zur Konkurrenz steht, können die Werte für die Geschäftsstraßen etwas geringer veranschlagt werden; denn besonders in der Geschäftswelt hat die Elektrizität viele Anhänger gefunden und wird sie auch immer wieder finden, wenn die Elektrizität auf der Bildfläche erscheint.

Um sich nun die Tabelle 7 für jede andere Stadt den vorliegenden Verhältnissen entsprechend aufzustellen, kann man folgenden Weg einschlagen. Es ist bereits gesagt worden, daß der Wert von q in normalen Wohngegenden als Einheitswert anzusehen ist, und man kann daher diesen Wert gleich 1 setzen. Die übrigen Werte kann man dann als ein gewisses Vielfaches von q ansehen, welche Zahlen in der letzten Spalte der Tabelle 7 eingetragen sind und mit x_n bezeichnet wurden. Es ist also

$$q_n = x_n \cdot q \quad \ldots \ldots \quad (41).$$

Hat man beispielsweise für eine Stadt nach Gleichung (40) den Wert von $q = 0{,}070$ ermittelt, so ist

$$q_1 = 2{,}8 \cdot 0{,}07 = 0{,}20 \text{ Std/cbm,}$$
$$q_2 = 2{,}4 \cdot 0{,}07 = 0{,}17 \quad »$$
$$\text{usw.}$$

Auf diese Weise ist man also in der Lage, für jede andere Stadt sich eine solche Tabelle aufzustellen, nach welcher die Belastungen für die Rohrnetzberechnung anzunehmen sind.

Natürlich kann man auch jeden anderen Wert der Tabelle 7 als den Einheitswert annehmen, für gewöhnlich dürfte jedoch dieser Wert zu wählen sein.

d) Die Scheidepunkte.

Dieser Artikel ist in den vom Verfasser herausgegebenen Werk »D. R. st. W.« eingehend besprochen worden, und er soll daher an dieser Stelle nur in seinen wesentlichen Teilen

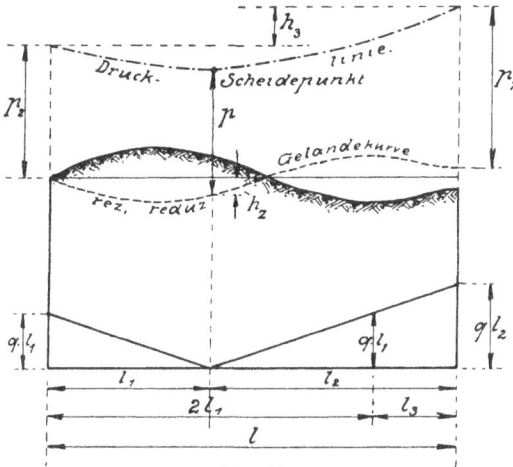

Fig. 17.

behandelt werden. Die Scheidepunkte liegen nicht, wie allgemein angenommen, in der Mitte der betreffenden Leitung, sondern außerhalb derselben. Es ist der Grundsatz aufgestellt, der auch hier seine Gültigkeit hat:

Die Scheidepunkte liegen immer nach der Seite außerhalb der Mitte der Leitung, nach welcher Richtung das Gas in den Speiseleitungen strömt.

Die Druckhöhe an den Scheidepunkten bestimmt sich nach der Gleichung

$$p = p_2 - \frac{l_1}{k^2 d^5} \frac{(q \cdot l)^2}{3} + h_z \text{ bzw. } - h_a \quad . \quad . \text{ (42)}.$$

Die Bezeichnungen dieser Formeln gehen aus der Fig. 17 hervor.

e) Ermittlung der Rohrbelastungen.

Hat man nach vorbeschriebener Weise das Stadtgebiet in Versorgungszonen eingeteilt, die Belastungen pro Längen-

einheit und die Scheidepunkte festgelegt, so ist es ohne
große Schwierigkeiten möglich, die Belastungen der einzelnen
Rohrstränge zu ermitteln.

Der Übersichtlichkeit halber markiert man die Höhe der
Einheitsbelastungen durch verschiedenartige Schraffur oder
Farben (siehe Tafel 2). Die Scheidepunkte macht man durch
zwei kleine Querstriche kenntlich, wie es auf Tafel 3 geschehen
ist. Außerdem bezeichnet man die Scheidepunkte, am Ende
der Leitung beginnend, durch fortlaufende Zahlen.

Fallen in die eine oder andere Versorgungszone projektierte Straßen, so sind diese als voll ausgebaut mit in Rechnung zu ziehen, damit auch dann, wenn diese Straßen ausgebaut sind, die Leitungen den gestellten Ansprüchen genügen.
Stadtteile, über welche ein Bebauungsplan noch nicht vorliegt, berücksichtigt man nicht. Es ist aber in der Weise
vorzugehen, daß solche Gebiete als eine Versorgungszone ausgebaut werden können.

Es wird auch vorkommen, daß in eine Versorgungszone
sehr viele projektierte Straßen oder noch ein Teil unaufge-
schlossenes Gebiet fällt. In diesen Fällen würde es unwirtschaftlich sein, den Speisestrang schon gleich zu verlegen.
Man läßt dann die schon vorhandenen Straßen vorläufig von
einer anderen Versorgungszone mit versorgen, was ohne
Bedenken geschehen kann, da sämtliche Leitungen für voll
ausgebaute Straßen berechnet und auch nicht sofort voll
belastet sind. Den Speisestrang sieht man möglichst in den
projektierten Straßen vor, so daß der Ausbau allmählich
erfolgt.

Zur Ermittlung der Verbrauchsmengen bzw. Belastungen
der einzelnen Teilstrecken bedient man sich vorteilhaft der
folgenden Tabelle.

Tabelle 8.

Strecke	l	q	$q \cdot l$	Q_{en}	Q_{an}	G_{mn}
27—24	100	0,04	4,0			
24 – 21	160	0,07	11,2	$Q_{c29} = 12,4$	$Q_{a29} = 23,2$	$Q_{m29} = 17,6$
21 - 25	120	0,07	8,4	$Q_{c30} = 16,5$	$Q_{a30} = 84,9$	$Q_{m30} = 80,7$

Hierin bedeutet:

l die Länge der einzelnen Rohrstrecke in m,

q die Gasentnahme pro 1 m Straßenlänge in Std.-cbm,

Q_{en} die Belastung am Ende einer jeden Teilstrecke,

Q_{an} die Belastung am Anfang einer jeden Teilstrecke,

Q_{mn} die mittlere Belastung einer jeden Teilstrecke =

$$\frac{Q_a + Q_e}{2}.$$

Um auf einfache Weise, durch stetige Addition, die Belastungen der einzelnen Strecken zu erhalten, beginnt man mit der Zusammenstellung am Ende einer jeden Versorgungszone. Sehr geeignet ist hierzu ein Stadtplan im Maßstabe 1 : 10 000, da ein größerer Plan an Übersichtlichkeit verliert.

Nach erfolgter Ermittlung der Verbrauchsmengen ist es leicht möglich, die Belastungsdiagramme zu konstruieren. Die Konstruktion derselben ist schon an einer ganzen Reihe von Figuren gezeigt, so daß es sich erübrigt, näher darauf einzugehen. Über dem Diagramm zeichnet man das Nivellement der Rohrtrasse und die Druckgefällslinie. Letztere kann man nach dem Kostenminimum berechnen oder ist den vorliegenden Verhältnissen anzupassen.

f) Der ungünstigste Versorgungspunkt im Rohrnetz.

Als für die Gasversorgung am ungünstigsten gelegenen Punkte sind die vom Gaswerk am entferntesten, wie auch die am tiefsten gelegenen Gebietsteile zu betrachten. An diesen Stellen darf der niedrigst zulässige Druck, selbst bei maximaler Belastung der Rohrleitungen, nicht unterschritten werden, um eine einwandfreie Versorgung der dort liegenden Gebäude zu gewährleisten. Wird das Rohrnetz so bemessen, daß selbst an diesen Punkten kein zu geringer Druck herrscht, so ist jede Gefahr beseitigt, daß etwa in anderen Stadtteilen kein genügend hoher Druck vorhanden ist.

Die Bestimmung des ungünstigsten Versorgungspunktes geschieht am einfachsten und übersichtlichsten auf zeichnerischem Wege. (Siehe Fig. 18.) Zunächst zeichnet man die Höhennivellements der Rohrtrassen der Speiseleitungen auf und konstruiert in bekannter Weise für jede Trasse die reziprok-

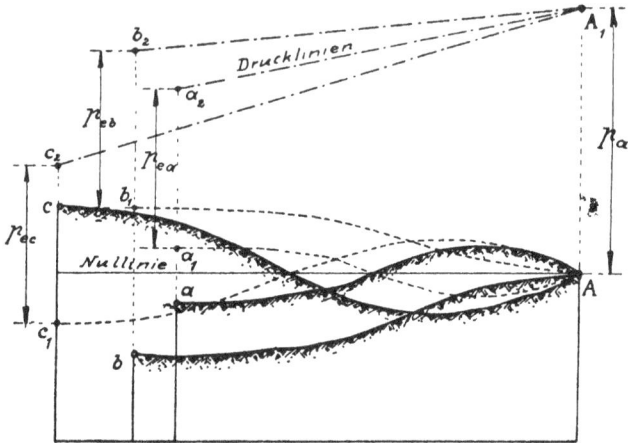

Fig. 18.

reduzierte Geländekurve, trägt dann am Ausgangspunkt der Leitungen den Anfangsdruck p_a und am Ende der Leitungen von der reziprokreduzierten Geländelinie (a_1, b_1, c_1) den Enddruck p_e auf. Hierauf zieht man die Druckgefällslinien. Es ist derjenige der ungünstigste Punkt, welcher die am höchsten liegende Drucklinie ergibt, in Fig. 18 die Gefällslinie $A_1 - b_2$; es ist also b der für die Versorgung am ungünstigsten liegende Punkt.

Von dem am ungünstigsten liegenden Punkt ausgehend, werden die Enddrücke der anderen Versorgungszonen bestimmt. Auch kann dies auf zeichnerischem Wege erfolgen.

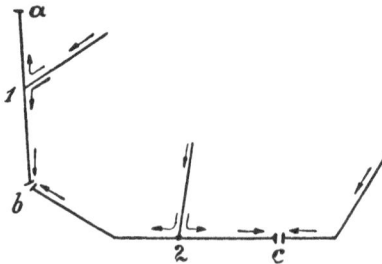

Fig. 19.

Würden z. B. die Punkte a, b und c, wie die Fig. 19 zeigt, zueinander liegen, so würde man die Druckhöhen an den

Endpunkten folgendermaßen bestimmen: Man trägt die
Punkte a_1, b_1 und c_1 in gleicher Höhenlage wie Fig. 18 und

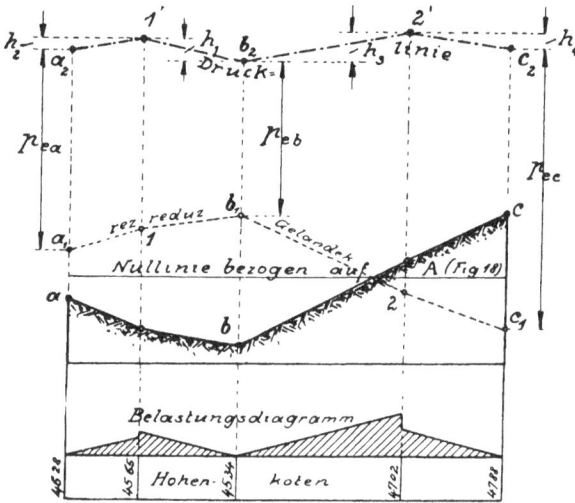

Fig. 20.

in entsprechender Entfernung der Fig. 19 auf. Ist der Druckverlust von b nach $1 = h_1$, so trägt man diesen Wert auf und

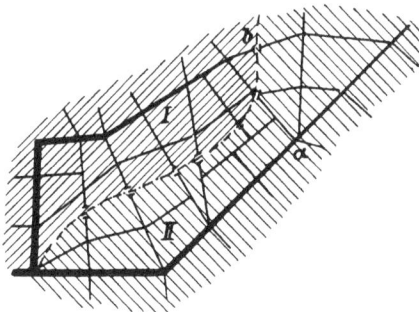

Fig. 21.

hat damit den Punkt $1'$ gefunden. Man findet nun den Druck
bei a, wenn man den Druckverlust h_2 von 1 nach a in Höhe
von $1'$ nach abwärts aufträgt, die Drucklinie $1' - a_2$ zieht,

wodurch man die Druckhöhe p_{ea} gefunden hat. In gleicher Weise geschieht dies, um den Druck p_{ec} bestimmen zu können. Sehr oft kommt es auch vor, daß sich die Endpunkte der Versorgungszonen nicht am Ende treffen, sondern daß diese schon früher zusammenstoßen, wie dies Fig. 21 zeigt. In diesem Falle berechnet man zuerst die Speiseleitung der Versorgungszone II, wodurch man die zu erwartende Druckhöhe bei a erhält. Von dem Punkte a ausgehend, wird die Leitung bis zu b bestimmt, und man erhält damit die auftretende Druckhöhe bei b, womit der Enddruck für die Versorgungszone I gefunden ist. Zur Klarheit zeichnet man sich am besten die Druckverhältnisse auf.

g) Berechnung der Rohrdurchmesser.

Die Berechnung der Rohrdurchmesser der Leitungen wird man nur unter Benutzung der Tabellen 3 und 4 vornehmen, da es sonst viel zu zeitraubend wäre, wenn man jede Teilstrecke unter Anwendung der angegebenen Formeln berechnen wollte. Diese Arbeit erfordert eine unbedingte Übersichtlichkeit des Rechnungsganges, und es dürfte sich daher empfehlen, das folgende Formular hierfür anzuwenden.

Strecke	Länge der Teilstrecke	Mittlere Belastung	Höhen der Druckgefällslinie	Verfügbares Gefälle		Rohrdurchmesser	Tatsächliches Reibungs-gefälle		$\Sigma \varepsilon \cdot l_n$	Höhenkoten der Straßen-kreuzungen		Druck-erhöhung und -verminderung durch Gelände		Tatsächliche Druck-erhöhung oder -verminderung		Druckhöhe an den Straßenkreu-zungspunkten
				im ganzen	pro lfdm.		pro lfdm.	im ganz.		am An-fang	am Ende	h_x	h_a			
	m	$Q_{m \cdot n}$	h_n		ε	d	ε	$h \cdot \varepsilon$				+	—	+	—	mm
1	2	3	4	5	6	7	8	9	10	11	12	13	14	15	16	17
										Anfangsdruck:						52,0
49—50	310	144	4,7	4,7	0,0152	150	0,0228	7,1	7,1	40,16	45,59	4,1			3,0	49,0
50—51	175	114	7,9	0,8	0,0046	125	0,0296	5,2	12,3	40,16	48,48	6,2			6,1	45,9
51—30	175	77	10	—	—	125	C,0167	2,9	15,2	40,16	47.43	5,7			9,5	42,5

Die in Spalte 1, 2 und 3 einzutragenden Werte werden der schon aufgestellten Belastungstabelle entnommen. Die Werte von h_n (Spalte 4) sind die jeweiligen Höhen der Druck-

gefällslinie. Wird die Druckgefällslinie als gerade Linie angenommen, so bestimmen sich diese Höhen nach der bereits angegebenen Gleichung 28. Das in Spalte 5 angegebene Druckgefälle ist
$$h_n - \Sigma \, \varepsilon \, l_{n-1},$$
also Spalte 4 vermindert um den Wert der vorhergehenden Reihe der Spalte 10. Beispielsweise nach dem obigen Formular
$$7,9 - 7,1 = 0,8.$$

Die Werte der Spalte 6, das spezifische Gefälle ε, wird nach Gleichung (5) ermittelt und ist Spalte 5 dividiert durch Spalte 2. In Spalte 7 wird der gewählte Rohrdurchmesser eingetragen, der nach den Tabellen 3 oder 4 für das spezifische Gefälle der Spalte 6 und der Belastung nach Spalte 3 erforderlich ist. Spalte 8 stellt das wirkliche Reibungsgefälle pro lfd. m bei der mittleren Belastung Q_{mn} (Spalte 3), bei vorstehend gewähltem Rohrdurchmesser, dar. Weiter ist Spalte 9 gleich dem Wert der Spalte 2 mal dem Wert der Spalte 8, also das auf dieser Teilstrecke eintretende Reibungsgefälle. Die Spalte 10 ist die jeweilige Summe der Spalte 9, z. B. für die zweite Reihe
$$7,1 + 5,2 = 12,3.$$

In Spalte 11 und 12 werden die Höhenkoten der Straßenkreuzungen angegeben. Die in Spalte 13 und 14 einzutragenden Werte sind die Druckerhöhungen bzw. Druckverminderungen durch das Gelände, veranlaßt durch den Auftrieb des Gases. Diese Drücke beziehen sich auf den Anfangspunkt der Leitung und werden nach Gleichung (12) bestimmt. Spalte 15 und 16 ist die tatsächliche Druckabnahme oder Druckzunahme in bezug auf den Anfangspunkt, also gleich

$$\text{Spalte } 10 \begin{vmatrix} -\text{Spalte } 13 \\ \text{oder} \\ +\text{Spalte } 14 \end{vmatrix}.$$

Die letzte Spalte 17 ist der Anfangsdruck vermindert um die Drücke der Spalte 16 oder vermehrt um die Werte der Spalte 15. Diese Werte stellen daher den tatsächlichen Druck an den Kreuzungspunkten dar, z. B. für die zweite Reihe
$$52,00 - 6,1 = 45,9 \text{ mm}.$$

Auf diese Weise werden alle längeren Rohrstrecken berechnet, hingegen sich für die kleineren Leitungen jede Rechnung erübrigt, und man wählt hierfür am besten Rohre von
100 mm lichter Weite. Nur vereinzelt ist auch hierfür eine
Kontrollrechnung erforderlich. Durch das folgende Beispiel
dürfte man sich noch besser mit dem Gang der Rechnung
vertraut machen.

h) Beispiel.

Eine Stadt von zurzeit 24000 Einwohnern soll mit Gas
versorgt werden. Der Stadtplan mit den eingetragenen
Höhenkoten der Straßenkreuzungen geht aus Tafel 1 hervor.
Das Gaswerk liegt hinter dem Eisenbahnkörper. Die Rohrleitungen sollen so bemessen werden, daß bei einem Druck von
55 mm hinter dem Stadtdruckregler an dem am ungünstigsten
gelegenen Punkte noch ein Druck von 35 mm vorhanden ist.
Als kleinster Rohrdurchmesser für die Verteilungsleitungen
soll 100 mm gewählt werden.

Lösung.

Nach eingehendem Studium des Stadtplans wird man es
am vorteilhaftesten finden, das ganze Stadtgebiet, einschließ-
lich des noch nicht bebauten Teiles, in vier Versorgungszonen einzuteilen, wie dies Tafel 3 veranschaulicht. Aus wirtschaftlichen Gründen wird man vorerst die Speiseleitung nur
so groß bemessen, daß sie für die Versorgungszone I und II
ausreicht. Wenn der Zeitpunkt gekommen ist, wo sich die
übrigen Stadtteile entwickeln, wird man hierfür einen weiteren
Speisestrang vorsehen. Die schon ausgebauten Straßen der
Verbrauchszone III und IV kann man vorläufig ohne jede
Bedenken von den Verbrauchszonen I und II mit speisen,
da diese vorerst doch noch nicht voll belastet sind.

Die erste Aufgabe wäre, den zu erwartenden Kopfverbrauch festzustellen. Zum Vergleich sollen 4 Städte heran-
gezogen werden:

P . . . . mit 31900 Einw.	mit einem	von 900 cbm
D . . . » 25000 »	maximalen	» 580 »
O . . . . » 29600 »	Stunden-	» 620 »
W . . . » 28500 »	verbrauch	» 695 »
$e = 115000$ Einw.		$\Sigma S_h = 2795$ cbm.

Nach Gleichung (38) bestimmt sich der Verbrauch pro Einwohner zu

$$S_e = \frac{2795}{11\,500} = 0{,}0244 \text{ Stdcbm.}$$

Nach der angestellten Untersuchung hat sich ergeben, daß auf 1535 m ausgebaute Straße normaler Wohngegend 4470 Einwohner entfallen. Demnach sind nach Gleichung (39) die auf 1 m entfallenden Einwohner, bei $s = 1535$ und $n_s = 4470$,

$$n_e = \frac{4470}{1535} = 2{,}91 \text{ Einwohner.}$$

Somit der Gasverbrauch pro lfd. m ausgebaute Straße nach Gleichung (40)

$$q = 0{,}0244 \cdot 2{,}91 = 0{,}071 \text{ Stdcbm.}$$

Nun ist man in die Lage gesetzt, für diese Stadt die Verbrauchstabelle aufzustellen. Die Werte dieser Tabelle werden nach Gleichung (41) berechnet.

Spalte	Charakter der Gegend	q_n
1	Beste Geschaftsgegend	$q_1 = 0{,}20$
2	Gute »	$q_2 = 0{,}17$
3	Normale »	$q_3 = 0{,}13 - 0{,}14$
4	Gute Wohngegend	$q_4 = 0{,}09 - 0{,}11$
5	Normale »	$q_5 = 0{,}071$
6	Wohngegend mit Arbeiterbevölkerung	$q_6 = 0{,}028 - 0{,}042$
7	Unausgesprochene Gegend	$q_7 = 0{,}028$

Nach Erhalt dieser Zahlen läßt sich der Stadtplan den spezifischen Belastungen entsprechend anlegen (siehe Tafel 2). Damit wären alle Werte gefunden, die für die Aufstellung der Belastungstabellen notwendig sind. Für die projektierten Straßen soll eine Belastung von 0,1 Stdcbm angenommen werden, da das Gas eine immer weitere Verbreitung findet. Der noch nicht aufgeschlossene Geländezwickel der zweiten Versorgungszone soll mit berücksichtigt werden. Es sind dies insgesamt 173 000 qm, worauf ca. 2480 lfd. m Straße entfallen werden. Bei einer Belastung von 0,07 Stdcbm pro Längeneinheit (m) entspricht dies einer Gasmenge von $\sim$ 174 Stdcbm. Es soll vorgesehen werden, daß an zwei Stellen je 87 Stdcbm entnommen werden können (siehe Tafel 3). Nunmehr kann die Aufstellung der Belastungstabellen erfolgen.

				Versorgungszone II		
Strecke	l_n	q_n	$q_n \cdot l_n$	Q_{en}	Q_{an}	Q_{mn}
1—2	540	0,028	15,1	$Q_{e1}=\ \ \ 0$	$Q_{a1}=\ 15,1$	$Q_{m\,1}=\ \ \ 8$
2—8	140	0,04	5,6	$Q_{e2}=\ \ \ 0$	$Q_{a2}=\ \ 5,6$	
3—4	225	0,10	22,5			
5—4	50	0,10	5,0			
			87,0			
4—6	150	0,10	15,0	$Q_{e6}=124,5$	$Q_{a6}=139,5$	$Q_{m6}=132$
7—6	75	0,10	7,5			
			87,0			
6—2	160	0,10	160,0	$Q_{e9}=219,0$	$Q_{a9}=235,0$	$Q_{m9}=222$
2—9	325	0,10	325,0	$Q_{e10}=395,2$	$Q_{a10}=427,7$	$Q_{m10}=411$
3—11	180	0,07	12,6			
10—11	50	0,10	5,0			
5—11	85	0,07	5,4			
11—13	120	0,10	12,0	$Q_{e14}=\ 23,0$	$Q_{a14}=.35,0$	$Q_{m14}=\ 29$
7—13	150	0,07	10,5			
12—13	60	0,10	6,0			
13—9	120	0,07	8,4	$Q_{e17}=\ 51,5$	$Q_{a17}=\ 59,9$	$Q_{m17}=\ 56$
17—18	60	0,04	2,4			
19—18	80	0,04	3,2			
20—18	25	0,07	1,7			
18—15	55	0,07	3,8	$Q_{e21}=\ \ \ 7,3$	$Q_{a21}=\ 11,1$	$Q_{m21}=\ \ \ 9$
16—15	25	0,07	1,7			
14—15	130	0,10	13,0			
15—21	150	0,07	10,5	$Q_{e24}=\ 27,8$	$Q_{a24}=\ 36,3$	$Q_{m24}=\ 31$
22—21	170	0,10	12,0			
19—24	100	0,04	4,0			
23—24	100	0,04	4,0			
27—24	100	0,04	4,0			
24—21	160	0,07	11,2	$Q_{e29}=\ 12,0$	$Q_{a29}=\ 23,2$	$Q_{m29}=\ 18$
21—25	120	0,07	8,4	$Q_{e30}=\ 76,5$	$Q_{a30}=\ 84,9$	$Q_{m30}=\ 81$
27—25	260	0,07	18,2			
26—25	140	0,10	14,0			
25—9	110	0,07	7,7	$Q_{e33}=117,1$	$Q_{a33}=124,8$	$Q_{m33}=121$
9—28	190	0,13	24,7	$Q_{e34}=608,4$	$Q_{a34}=633,1$	$Q_{m34}=621$
29—30	60	0,20	12,0			
31—30	60	0,10	6,0			

Strecke	l_n	q_n	$q_n \cdot l_n$	Q_{en}	Q_{an}	Q_{mn}
			Versorgungszone II			
10—30	125	0,10	12,5			
30—32	120	0,10	24,0	$Q_{e\,38} = 30,5$	$Q_{a\,38} = 54,5$	$Q_{m\,38} = 43$
33—32	50	0,10	5,0			
12—32	125	0,10	12,5			
32—28	120	0,20	24,0	$Q_{e\,41} = 72,0$	$Q_{a\,41} = 96,0$	$Q_{m\,41} = 84$
34—35	70	0,20	14,0			
22—35	100	0,10	10,0			
35—36	120	0,20	24,0	$Q_{e\,44} = 24,0$	$Q_{a\,44} = 48,0$	$Q_{m\,44} = 36$
26—36	110	0,10	11,0			
36—28	100	0,20	20,0	$Q_{e\,46} = 58,0$	$Q_{a\,46} = 78,0$	$Q_{m\,46} = 68$
28—37	170	0,13	22,1	$Q_{e\,47} = 807,1$	$Q_{a\,47} = 828,2$	$Q_{m\,47} = 818$
38—39	45	0,10	4,5			
40—39	30	0,04	1,2			
31—39	110	0,10	11,0			
39—41	120	0,10	12,0	$Q_{e\,51} = 16,7$	$Q_{a\,51} = 28,7$	$Q_{m\,51} = 23$
42—41	40	0,04	1,6			
33—41	125	0,10	12,5			
41—37	110	0,10	11,0	$Q_{e\,54} = 42,8$	$Q_{a\,54} = 53,8$	$Q_{m\,54} = 48$
37—43	120	0,17	20,4	$Q_{e\,55} = 882,0$	$Q_{a\,55} = 902,4$	$Q_{m\,55} = 894$

Bei der folgenden Zusammenstellung für die Versorgungszone I soll gezeigt werden, wie man schneller zu den einzelnen Belastungen kommen kann. Es werden die jeweiligen Belastungslängen der abzweigenden Leitungen zu der Speiseleitung addiert und mit q_n multipliziert.

Strecke	l_n	q_n	$q_n\, l_n$	Q_{en}	Q_{an}	Q_{mn}
			Versorgungszone I			
1—2 $\big\{$	150	0,07	10,5			
	280	0,10	28,0	$Q_{e\,0} = 0$	$Q_{a\,0} = 38,5$	$Q_{m\,0} = 19$
3—2	340	0,10	34,0			
4—2 $\big\{$	340	0,07	23,8			
	125	0,10	12,5			
2—5	160	0,10	16,0	$Q_{e\,1} = 108,8$	$Q_{a\,1} = 124,8$	$Q_{m\,1} - 117$
6—5	500	0,10	50,0			
7—5 $\big\{$	125	0,10	12,5			
	360	0,07	25,2			

Vom Gaswerk bis Nr. 43

Strecke	l_n	q_n	$q_n \cdot l_n$	Q_{en}	Q_{an}	Q_{mn}
5—8	100	0,10	18,0	$Q_{e2} = 212,5$	$Q_{a2} = 230,5$	$Q_{m2} = 221$
9—8	670	0,10	67,0			
10—8 $\{$	85	0,10	8,5			
	280	0,07	19,6			
8—11	125	0,07	8,8	$Q_{e3} = 325,6$	$Q_{a3} = 334,4$	$Q_{m3} = 330$
12—11	710	0,10	71,0			
13—11 $\{$	50	0,07	3,5			
	150	0,10	15,0			
11—14	180	0,07	12,6	$Q_{e4} = 423,9$	$Q_{a4} - 436,5$	$Q_{m4} = 430$
15—14	780	0,10	78,0			
16—14	210	0,07	14,7			
14—17	140	0,07	9,8	$Q_{e5} = 529,0$	$Q_{a5} = 539,0$	$Q_{m5} = 534$
18—17	800	0,10	80,0			
17—19	125	0,07	8,8	$Q_{e6} = 619,0$	$Q_{a6} = 627,8$	$Q_{m6} = 623$
21—19	125	0,10	12,5			
20—19 $\left\{\vphantom{}\right.$	325	0,20	65,0			
	350	0,17	59,5			
	125	0,13	16,2			
	1310	0,10	131,0			
	780	0,07	54,6			
19—23	125	0,20	12,5	$Q_{e7} = 967,6$	$Q_{a7} = 980,1$	$Q_{m7} = 974$
23—24 $\{$	140	0,17	23,8			
	50	0,10	5,8			
25—23	160	0,07	11,2	$Q_{e8} = 1020,1$	$Q_{a8} = 1040,9$	$Q_{m8} = 1030$
23—26	160	0,13	20,8			
21—26	310	0,10	31,0			
26—43	60	0,13	7,8	$Q_{e9} = 1071,9$	$Q_{a9} = 1079,7$	$Q_{m9} = 1076$
44—43	900	0,04	36,0			
43—45	130	0,07	9,1	$Q_{e1} = 2018,1$	$Q_{a1} = 2027,2$	$Q_{m1} = 2023$
42—45	145	0,04	5,8			
45—46	75	0,07	5,3	$Q_{e2} = 2033,0$	$Q_{a2} = 2038,3$	$Q_{m2} = 2036$
47—46	610	0,04	24,4			
46—48	60	0,07	4,2	$Q_{e3} = 2072,7$	$Q_{a3} = 2076,9$	$Q_{m3} = 2075$
48—40	215	0,04	8,6			
48—49	175	0,07	12,2	$Q_{e4} = 2085,5$	$Q_{a4} = 2097,7$	$Q_{m4} = 2091$
47—49	460	0,04	18,4			
1—49 $\left\{\vphantom{}\right.$	350	0,13	45,5			
	785	0,10	78,5			
	310	0,04	12,4			
	70	0,20	14,0			
49—G.	250	—	—		$Q_{a5} = 2266,5$	$Q_{m5} = 2266$

Bevor es jedoch möglich ist, die Rohrdurchmesser berechnen zu können, muß zuvor der ungünstigste Versorgungspunkt bestimmt werden. Die erste Aufgabe wäre daher die Aufzeichnung der Höhenprofile der Leitungstrassen. Ist dies geschehen, so zeichnet man in bekannter Weise die reziprokreduzierte Geländelinie auf. Die Werte dieser Kurven bestimmen sich nach Gleichung (12). Auf Tafel 5 ist die Aufzeichnung erfolgt. Da für die Höhen der reziprokreduzierten Geländekurve für 1 mm Druckerhöhung = 2 mm angenommen ist, so sind auch selbstverständlich die Höhen der Gasdrücke in diesem Maßstabe einzutragen. Der Aufzeichnung ist zu entnehmen, daß die erste Versorgungszone $(A-a)$ am ungünstigsten liegt, da diese die am höchsten liegende Drucklinie ergibt. Aus diesem Grunde muß die Speiseleitung für diese Versorgungszone zuerst berechnet werden, um den Druck, der bei b vorhanden sein muß, bestimmen zu können.

Das Druckgefälle von G nach a ist nach Gleichung (13)

$$h = 55 - (35 - h_2) = 22 \text{ mm.}$$

Nach Gleichung (12) ist $h_2 = (42,02 - 39,60) \, 0,75 = 1,82$ mm.

Die Druckgefällslinie der ersten Versorgungszone soll nach dem Kostenminimum berechnet und die der zweiten Verbrauchszone als gerade Linie angenommen werden, um sich mit beiden Rechnungsarten vertraut zu machen. Da hier die Gasentnahme pro Längeneinheit großen Schwankungen unterworfen ist, so kommt für die Berechnung der Höhen der Druckgefällslinie die Gleichung (29) in Frage. Die Konstante C ermittelt sich nach Gleichung (30).

Für den Rechnungsgang soll das auf S. 43 angegebene Formular benutzt werden.

Nach der auf Seite 70 oben aufgestellten Tabelle ist die Summe der Werte $l_n \cdot \sqrt[3]{Q_{mn}}$ (5. Spalte) = 19 400. Mithin bestimmt sich nach Gleichung (30) bzw. (36) die Konstante C zu

$$C = \frac{22}{19\,400} = 0,00113.$$

Strecke	$\frac{l_n}{m}$	Q_{mn}	$\sqrt[3]{Q_{mn}}$	$l_n\sqrt[3]{Q_{mn}}$	C	$C\sqrt[3]{Q_{mn}}$	$C\sqrt[3]{Q_{mn}}\cdot l_n$	$h = \Sigma C\sqrt[3]{Q_{mn}}\cdot l_n$
A—49	250	2266	13,2	3300		0,0149	3,7	3,7
49—48	175	2091	12,8	2240		0,0145	2,5	6,2
48—46	60	2075	12,8	770		0,0145	0,9	7,1
46—45	75	2036	12,7	950		0,0143	1,1	8,2
45—43	130	2023	12,6	1640		0,0142	1,8	10,0
43—26	60	1076	10,2	610		0,0115	0,7	10,7
26—23	160	1030	10,1	1620		0,0114	1,8	12,5
23—19	125	974	9,9	1240	0,00113	0,0112	1,4	13,9
19—17	125	623	8,5	1060		0,0096	1,2	15,1
17—14	140	534	8,1	1130		0,0092	1,3	16,4
14—11	180	430	7,6	1290		0,0086	1,5	17,9
11—8	125	330	6,9	860		0,0078	1,0	18,9
8—5	180	221	6,1	1100		0,0069	1,2	20,1
5—2	160	117	4,9	780		0,0055	0,9	21,0
2—1	300	19	2,7	810		0,0032	1,0	22,0

Nunmehr können auch die 3 letzten Spalten der aufzustellenden Tabelle berechnet werden. Die damit gefundenen Höhen

Strecke	Länge der Teilstrecke l_n	Mittlere Belastung Stdcbm	Höhen der Druckgefällslinie	Verfügbares Gefälle im ganzen	Verfügbares Gefälle pro lfdm ε	Rohrdurchmesser mm	Tatsächliches Reibungsgefälle pro lfdm ε	im ganz. $\varepsilon\cdot l$	$\Sigma\varepsilon\cdot l_n$	Höhenkoten der Straßenkreuzungen am Anfang	am Ende	Druckerhohung oder -verminderung durch Gelände h_s +	h_a -	Tatsächliche Druckerhohung oder -verminderung -	+	Druckhohe an den Straßenkreuzungspunkten mm
											Anfangsdruck:					55,0
G—49	250	2266	3,7	3,7	0,0148	500	0,0136	3,4	3,4	39,60	40,16	0,4			3,0	52,0
49—48	175	2091	6,2	2,8	0,0160	500	0,0117	2,1	5,5	39,60	40,98	1,0			4,5	51,5
48—46	60	2075	7,1	1,6	0,0266	450	0,0196	1,2	6,7	39,60	41,02	1,1			5,6	49,4
46—45	75	2036	8,2	1,5	0,0200	450	0,0188	1,4	8,1	39,60	41,52	1,9			6,2	48,8
45—43	130	2023	10,0	1,9	0,0146	450	0,0185	2,4	10,5	39,60	42,38	2,1			8,4	46,6
43—26	60	1076	10,7	0,2	0,0033	400	0,0094	0,6	11,1	39,60	42,38	2,1			9,0	46,0
26—23	160	1030	12,5	1,4	0,0088	400	0,0086	1,4	12,5	39,60	42,78	2,8			9,7	45,3
23—19	125	974	13,9	1,4	0,0112	375	0,0108	1,4	13,9	39,60	43,78	3,1			10,8	44,2
19—17	125	623	15,1	1,2	0,0095	325	0,0077	1,0	14,9	39,60	42,27	2,0			12,9	42,1
17—14	140	534	16,4	1,5	0,0107	300	0,0108	1,5	16,4	39,60	41,42	1,4			15,0	40,0
14—11	180	430	17,9	1,5	0,0083	300	0,0063	1,1	17,5	39,60	42,92	1,7			15,8	39,2
11— 8	125	330	18,9	1,4	0,0112	250	0,0092	1,2	18,7	39,60	43,01	1,8			16,9	38,1
8— 5	180	221	20,1	1,4	0,0078	225	0,0071	1,3	20,0	39,60	43,18	2,7			17,3	37,7
5— 2	160	117	21,0	1,0	0,0062	175	0,0069	1,1	21,1	39,60	43,01	2,6			18,5	36,5
2— 1	360	19	22,0	0,9	0,0038	100	0,0021	0,6	21,7	39,60	42,02	1,8			19,9	35,1

der Drucklinie lassen die Bestimmung der Rohrdurchmesser
zµ, wozu das in Abschnitt *g* gegebene Formular benutzt
werden soll.

Es war also ziemlich genau möglich, den Enddruck von
35 mm zu erreichen. Bevor die Rohrdurchmesser der zweiten
Versorgungszone berechnet werden können, sind noch weitere
Rechnungen nötig, da die Druckverhältnisse, die in dieser
Verbrauchszone herrschen müssen, noch unbekannt sind.
Der entfernteste Teil der Verteilungsleitungen der ersten

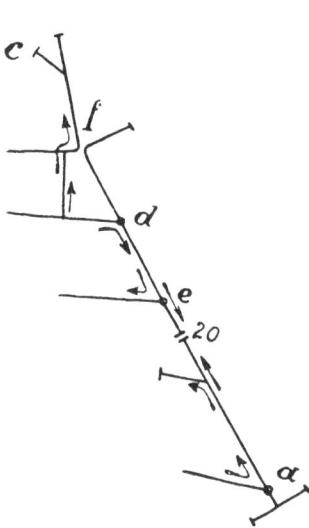

Fig. 22.

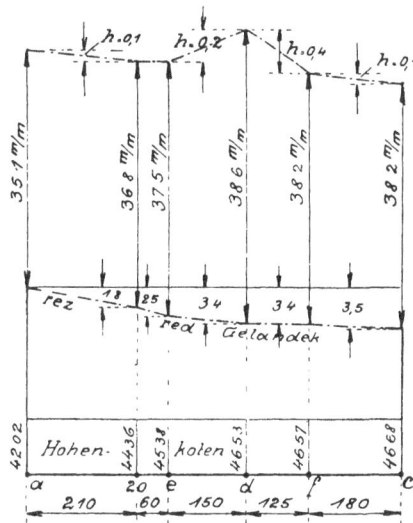

Fig. 23.

Versorgungszone trifft bei *c* (siehe Tafel 3 u. 4) mit der zweiten
Verbrauchszone zusammen. Beide Versorgungszonen für sich
betrachtet, muß an dieser Stelle ein gleich hoher Druck herrschen. Es muß also von *a* aus (weil dieser der am ungünstigsten
zu versorgende Punkt ist), wie in Abschnitt *f* besprochen,
der auftretende Druck bei *c* bestimmt werden.

Zur Übersichtlichkeit dienen die Fig. 22 und 23.

Die Feststellung der Druckverluste soll tabellarisch erfolgen.

Strecke	Länge l_n	Rohr ϕ	Belastung Q_{mn}	Druck-verlust h_n	Koten der Straßen-kreuzungen		Druckzu- oder -abnahme			Wirkliche Druckhöhe
					Am Anfg.	Am Ende	+	−		mm
									Anfangsdruck $=$	35,1
a—20	210	100	10,5	0,1	42,02	44,36	1,8		35,1 $+$ 1,8 $-$ 0,1	36,8
20—e	60	100	3,0	0	,,	45,38	2,5		36,8 $+$ (2,5 $-$ 1,8) $-$ 0	37,5
e—d	150	100	12,7	0,2	,,	46,53	3,4		37,5 $+$ (3,4 $-$ 2,5) $+$ 0,2	38,6
d—f	125	100	20,9	0,4	,,	46,57	3,4		38,6 $+$ (3,4 $-$ 3,4) $-$ 0,4	38,2
f—c	180	100	10,6	0,1	,,	46,68	3,5		38,2 $+$ (3,5 $-$ 3,4) $-$ 0,1	38,2

Da nunmehr der Druck, der bei c vorhanden sein muß, bekannt ist, so lassen sich die Rohrdurchmesser der zweiten Versorgungszone von 43 bis 9 und weiter bis c berechnen. Ebenso läßt sich die Leitung von 9 nach 1 bzw. b ermitteln, da man auf jeden Fall für diesen Teil der Leitung dasselbe spezifische Reibungsgefälle wählen wird als im ersten Abschnitt, womit die Drucklinie, wie verlangt, eine gerade Linie wird. Mittels der Gleichung (28) läßt sich der Druckverlust bis b bestimmen.

Die Länge von 43 nach c beträgt 885 m und

,,   ,,   ,, 43 ,, b ,, 1345 m.

Der Druckabfall von 43 nach c muß betragen:

$$h_c = (46,6 - 38,2) + (42,38 - 46,68) \cdot 0,75 = 11,6 \text{ mm.}$$

Mithin beträgt nach Gleichung (28) der Druckabfall bis nach b

$$h_b = \frac{11,6 \cdot 1345}{885} = 17,6 \text{ mm.}$$

Nachdem der zulässige Druckverlust für die zweite Versorgungszone bekannt ist, lassen sich auch hierfür in gleicher Weise die Rohrdurchmesser bestimmen. Vorerst ist jedoch noch die Bestimmung der Höhen der Druckgefällslinie erforderlich, was mit Hilfe der Gleichung (28) geschehen und tabellarisch zusammengestellt werden soll.

Strecke	l_n	Σl_n	L	h	h_n
43—37	120	120			$h_1 = 1,6$
37—28	170	290			$h_2 = 3,8$
28—9	190	480	1345	17,6	$h_3 = 6,3$
9—2	325	806			$h_4 = 10,6$
2—1	540	1345			$h_5 = 17,6$

Somit können die Rohrdurchmesser für die zweite Versorgungszone in gleicher Weise wie für die erste Verbrauchszone berechnet werden.

Strecke	Länge der Teilstrecke m	Mittlere Belastung Stdcbm	Höhen der Druckgefallslinie	Verfugbares Gefälle im ganzen	Verfugbares Gefälle pro lfdm ε	Rohrdurchmesser mm	Tatsächliches Reibungsgefalle pro lfdm ε	Tatsächliches Reibungsgefalle im ganzen	$\Sigma \varepsilon \cdot l_n$	Hohenkoten der Straßenkreuzungen am Anfang	Hohenkoten der Straßenkreuzungen am Ende	Druckerhöhung oder -verminderung durch Gelände h_s + / —	Tatsächliche Druckerhöhung oder -verminderung h_a + / —	Druckhöhe an den Straßenkreuzungspunkten mm
										Anfangsdruck:				46,6
43—37	120	894	1,6	1,6	0,0133	350	0,0126	1,5	1,5	42,38	43,78	1,1	0,4	46,2
37—28	170	818	3,8	2,3	0,0135	325	0,0131	2,2	3,7	42,38	46,02	2,7	1,0	45,6
28—9	190	621	6,3	2,6	0,0137	300	0,0132	2,4	6,1	42,38	46,02	2,7	3,4	43,2
9—2	325	411	10,6	4,5	0,0138	225	0,0143	4,6	10,7	42,38	47,82	4,1	6,6	40,0
2—1	540	8	17,6	6,9	0,0128	100	0,0043	2,3	13,0	42,38	46,72	3,3	9,7	36,9

Damit sind die Rohrdurchmesser der Speiseleitungen festgelegt. Außer diesen Leitungen sollen noch einige Verteilungsstränge durchgerechnet werden. Hierbei geht man in gleicher Weise vor; natürlich rechnet man diejenigen Leitungen zuerst durch, deren Druckhöhen weitere Anhaltspunkte für die übrigen Verteilungsleitungen ergeben. Um die Leitungen 37 bis 38, 28 bis 29, 9 bis 3 und 2 bis 3 der zweiten Versorgungszone berechnen zu können, muß vorerst die Strecke 49 bis 1 behandelt werden, um den Enddruck der genannten Stränge ermitteln zu können. Diese Strecke soll zuerst und außerdem sollen noch die Leitungen 9 bis 3 und 9 bis 16 der zweiten Verbrauchszone sowie 9 bis d der ersten Versorgungszone berechnet werden. Dies dürfte genügen, um sich mit dem Rechnungsgang vollkommen vertraut zu machen.

Leitungsstrecke 49 bis 1 der II. Versorgungszone.

Anfangsdruck: 52,0

Strecke	Länge der Teilstrecke m	Mittlere Belastung Stdcbm	Hohen der Druckgefällslinie	Verfugbares Gefälle im ganzen	pro lfdm ε	Rohrdurchmesser mm	Tatsächliches Reibungsgefälle pro lfdm ε	im ganzen	$\Sigma\varepsilon\cdot l_n$	Höhenkoten der Straßenkreuzungen am Anfang	am Ende	h_e +	h_a −	+	−	Druckhöhe an den Straßenkreuzungspunkten mm
49—50	310	144	4,7	4,7	0,0152	150	0,0228	7,1	7,1	40,16	45,59	4,1			3,0	49,0
50—51	175	114	7,9	0,8	0,0046	125	0,0296	5,3	12,3	40,16	48,43	6,2			6,1	45,9
51—3	175	77	10,0	0	0	125	0,0167	2,9	15,2	40,16	47,83	5,7			9,5	42,5
3—1(b)	660	33	20,0	4,8	0,0073	100	0,0071	4,7	19,9	40,16	46,72	4,9			15,0	37,0

Leitungsstrecke 9 bis 3 der II. Versorgungszone.

Anfangsdruck: 43,2

Strecke	m	Stdcbm	Hohen Druckgefällslinie	im ganzen	pro lfdm ε	mm	pro lfdm ε	im ganzen	$\Sigma\varepsilon\cdot l_n$	am Anfang	am Ende	h_e +	h_a −	+	−	mm
9—13	120	56	0,6	0,6	0,0050	125	0,0086	1,0	1,0	46,02	46,13	—			1,0	42,2
13—11	120	29	1,2	0,2	0,0017	100	0,0056	0,7	1,7	46,02	47,54	1,1			0,6	42,6
11—3	180	6	2,1	0,4	0,0022	100	0,0025	0,4	2,1	46,02	47,83	1,4			0,7	42,5

Leitungsstrecke 9 bis 16 der II. Versorgungszone.

Anfangsdruck: 43,2

Strecke	m	Stdcbm	Hohen Druckgefällslinie	im ganzen	pro lfdm ε	mm	pro lfdm ε	im ganzen	$\Sigma\varepsilon\cdot l_n$	am Anfang	am Ende	h_e +	h_a −	+	−	mm
9—25	110	121	1,6	1,6	0,0145	150	0,0161	1,8	1,8	46,02	46,16	0,1			1,7	41,5
25—21	120	81	3,3	1,5	0,0125	125	0,0177	2,1	3,9	46,02	46,89	0,7			3,2	40,0
21—16	150	31	5,5	1,6	0,0107	100	0,0063	0,9	4,8	46,02	46,68	0,5			4,3	38,9

Leitungsstrecke 10 bis d der II. Versorgungszone.

Anfangsdruck: 44,2

Strecke	m	Stdcbm	Hohen Druckgefällslinie	im ganzen	pro lfdm ε	mm	pro lfdm ε	im ganzen	$\Sigma\varepsilon\cdot l_n$	am Anfang	am Ende	h_e +	h_a −	+	−	mm
19—60	150	318	2,2	2,2	0,0146	225	0,0145	2,2	2,2	43,78	44,31	0,4			1,8	42,4
60—61	130	250	4,0	1,8	0,0138	200	0,0163	2,1	4,3	43,78	44,89	0,8			3,5	40,7
61—62	160	150	6,3	2,0	0,0125	175	0,0125	1,8	6,1	43,78	45,83	1,4			4,7	39,5
62—d	95	65	7,7	1,6	0,0168	125	0,0115	1,1	7,2	43,78	46,53	2,1			5,1	39,1

Das Druckgefälle von 49 nach 1 bzw. b muß sein

$$h = 52,0 - 36,9 + (46,72 - 40,16) \cdot 0,75 = 20 \text{ mm}.$$

Bei der Berechnung der Leitungsstrecke 49 bis 1 hat bei 3 einen Druck von 42,5 mm ergeben, somit darf das Reibungsgefälle von 9 nach 3 betragen

$$h = 43,2 - 42,5 + (47,83 - 46,02) \cdot 0,75 = 2,1 \text{ mm}.$$

Wie bereits festgestellt, herrscht in der zweiten Versorgungszone bei 9 ein Druck von 43,2 mm und der Druck bei *c* beträgt 38,2 mm (siehe Tabelle S. 73). Demnach darf der Druckverlust auf der Strecke 9 bis 16 betragen:

$$h = 43,2 - 38,2 + (46,68 - 46,02) \cdot 0,75 = 5,5 \text{ mm.}$$

Der Druck bei 19 der ersten Versorgungszone wurde gemäß der Berechnung zu 44,2 mm ermittelt. Der Druck bei *d* beträgt 38,6 mm; mithin muß der Gefällsverlust von *d* nach 19 betragen:

$$h = 44,2 - 38,6 + (46,53 - 43,78) \cdot 0,75 = 7,7 \text{ mm.}$$

Die Rohrdurchmesser dieser vier Rohrstrecken sind auf S. 74 in üblicher Weise berechnet worden. Die Höhen h_n der Drucklinie sind als gerade Linien angenommen und nach Gleichung (28) berechnet worden.

Vierter Abschnitt.

Die Berechnung von Ferndruckleitungen.

a) Die Bestimmung der Druckverluste und Rohrdurchmesser.

Bisher berechnete man die Druckverluste und Rohrdurchmesser von Hochdruckleitungen allgemein nach der P o l e schen Formel. Praktische Versuche an bestehenden Ferndruckleitungen haben jedoch gezeigt, daß die nach oben genannter Gleichung berechneten Druckverluste in Wirklichkeit nicht erreicht werden. Leitungen nach dieser Gleichung berechnet, erhalten mithin zu große Rohrdurchmesser. Die nicht mit der Praxis übereinstimmenden Resultate sind nur auf die nicht richtige Annahme des Reibungskoeffizienten zurückzuführen. Umfangreiche Versuche an der Ferndruckleitung Lübeck-Travemünde haben ergeben, daß der Reibungskoeffizient mit zunehmender Geschwindigkeit des Gases abnimmt. (Siehe Journ. f. G. u. W. 1907.)

Die Fernleitung von Rohrbach—St. Gallen hat Dr.
F l i e g n e r auf die allgemeine Gleichung

$$h = \lambda \cdot \frac{l \cdot v^2}{2\,g \cdot d}$$

hin untersucht und hat als Mittelwert für $\lambda = 0{,}02215$ gefunden.

Am wertvollsten dürfte die von B i r k h o l z aus Ver-
suchen abgeleitete Gleichung zur Bestimmung des Druckverlustes von Ferngasleitungen sein.   Diese Gleichung lautet:

$$h = l \left(484{,}78\,\frac{Q^2}{d^5} - 1{,}8823\right) \qquad . \text{ (43)}.$$

(Siehe Journ. f. G. u. W. 1907).   Hierin bedeutet:

Q die Gasmenge in Stdcbm,
d den Rohrdurchmesser in cm,
h den Reibungsverlust in mm,
l die Länge der Leitung in km.

Der letzte Wert der Gleichung kann für gewöhnlich ver-
nachlässigt werden, da dieser gegenüber des ersten Ausdruckes
verschwindend klein ist (z. B. bei 16 km Länge nur $16 \cdot 1{,}8823$
$= 30$ mm).   Die Gleichung (43) würde dann lauten:

$$h = l \cdot 484{,}78\,\frac{Q^2}{d^5} \qquad . \qquad . \text{ (44)}.$$

Die nach dieser Formel berechneten Druckverluste
stimmen mit nur so geringen Abweichungen mit den in der
Praxis erreichten Resultaten überein, daß sie absolut ohne
Belang sind.

Die Gleichung (43) kann auch geschrieben werden

$$h + 1{,}8823 \cdot l = l \cdot 484{,}78 \cdot \frac{Q^2}{d^5}.$$

Demnach bestimmt sich der Rohrdurchmesser zu

$$d = \sqrt[5]{\frac{484{,}78 \cdot Q^2 \cdot l}{h + 1{,}8823 \cdot l}} \qquad . \text{ (45)}.$$

Setzt man für

$$\frac{l}{h + 1{,}8823 \cdot l} = K,$$

so ist

$$d = 3{,}444\,Q^{0{,}4}\,\sqrt[5]{K} . \qquad . \ . \text{ (46)}.$$

Diese Gleichung nach Q hin aufgelöst gibt:

$$Q = C\sqrt{\frac{1}{K}} \quad \ldots \ldots \quad (47).$$

Die Werte von C können der folgenden Tabelle entnommen werden.

Tabelle 8.

	\multicolumn{12}{c}{Rohrdurchmesser}
	50	60	80	100	125	150	175	200	225	250	275	300
C	2,539	4,005	8,221	14,362	25,090	39,557	58,186	81,246	109,06	141,93	180,12	223,88

Berechnet man aus dem nach Gleichung (43) erhaltenen Druckverlust, unter Zuhilfenahme der Gleichung (1), den Reibungskoeffizienten, so findet man, daß in der Tat der Reibungskoeffizient mit zunehmender Geschwindigkeit abnimmt, wie es in der Praxis auch der Fall ist. Bei etwa 6 m Geschwindigkeit nimmt der Reibungskoeffizient einen konstanten Wert an. Auf Tafel 7 ist der Verlauf bildlich dargestellt. Die Gleichung (43) und die hiervon abgeleiteten Gleichungen sind daher in jeder Weise als brauchbar zu bezeichnen.

b) Die wirtschaftliche Bemessung von Ferngasleitungen.

Da bei Ferndruckleitungen das Gas fast ausschließlich unter Anwendung geeigneter Maschinen durch die Leitung gepreßt wird, so sind mit dem Transport ganz erhebliche Kosten verknupft. Die Transportkosten des Gases werden beeinflußt durch die jährlich aufzuwendenden Kosten für die Leitung, den Aufwand für die Maschinen und durch die Betriebskosten. Vom wirtschaftlichen Standpunkt aus müssen diese Kosten ein Minimum annehmen.

Als Kosten fur die Rohrleitung ist in Rechnung zu setzen:

1. Verzinsung des Anlagekapitals,
2. Tilgung des Anlagekapitals,
3. Abschreibungskosten der Leitung und
4. Unterhaltungskosten der Leitung.

Allgemein rechnet man für Verzinsung 4% bis 5%, Tilgung 2%, Abschreibung 2% bis 3% und für Unterhaltung ½% bis ¾%.

Die jährlichen Kosten für die Maschinen sind die gleichen wie bei der Rohrleitung. Hierfür rechnet man: Für Verzinsung 4% bis 5%, Tilgung 2%, Abschreibung 8% bis 10% und für Unterhaltung 1½% bis 2%.

Die Betriebskosten stehen im engen Zusammenhange mit dem Rohrdurchmesser; denn je kleiner die lichte Weite der Leitung, um so größer die Reibungsverluste, die aufzuwendenden Pferdestärken und um so höher auch der Anschaffungspreis der Maschinen. Die Betriebskosten setzen sich zusammen aus:

1. Brennmaterialienverbrauch,
2. Putz- und Schmiermaterialien,
3. Bedienung der Maschinen.

Die zwei letzten Posten können wegen ihrer Geringfügigkeit außer acht gelassen werden. Das gleiche gilt von den Gebäudekosten.

Die Kosten einer Rohrleitung während eines beliebigen Betriebsjahres betragen:

$$R_n = A_r \frac{a+t+u}{100} + \left[A_r - \left(A_r \cdot \frac{t}{100} \cdot n - 1\right)\right] \cdot \frac{z}{100} \quad (48).$$

Hierin bedeutet:

A_r das Anlagekapital der Rohrleitung,

a die Kosten der Abschreibung in Prozent,

t die Tilgungskosten in Prozent,

u die Unterhaltungskosten in Prozent,

z die jährlich aufzuwendenden Zinsen in Prozent,

n das entsprechende Betriebsjahr.

Diese Gleichung geht nach $\frac{100}{a}$ Jahren in folgende Form über

$$R_n = A_r \frac{t+u}{100} + \left[A_r - \left(A_r \frac{t}{100} \cdot n - 1\right)\right] \frac{z}{100} \quad (49),$$

da nach $\frac{100}{a}$ Jahren die Abschreibungskosten in Wegfall kommen.

Für die Bestimmung der Jahreskosten M_n für die Maschinen des n ten Betriebsjahres hat die Gleichung (48) ebenfalls Gültigkeit und würde, wenn A_m das Anlagekapital der Maschinen bedeutet, lauten

$$M_n = A_m \frac{a+t+u}{100} + \left[A_m - \left(A_m \cdot \frac{t}{100} \cdot n - 1 \right) \right] \frac{z}{100} \quad (50).$$

Diese Gleichung geht ebenfalls nach $\frac{100}{a}$ Jahren aus gleichen Gründen in die Form der Gleichung (49) über.

Die Betriebskosten pro Jahr betragen

$$B = n \cdot N_e \cdot e \ldots \ldots \ldots (51),$$

wenn

n die Betriebsstunden pro Jahr,

N_e die effektiven Pferdestärken der Maschinen und

e die Kosten pro PSe und Std. bedeuten.

Die Anzahl der erforderlichen Pferdestärken für die Antriebsmaschinen bestimmen sich bei der Annahme, daß sich die Kompression politropisch vollzieht, nach der Gleichung

$$N_e = \frac{Q \, p_m}{\eta \cdot 75} \ldots \ldots \ldots (52)$$

Hierin ist:

Q die Fördermenge in Sekcbm, bei unten angeführtem Druck p_1,

η der Wirkungsgrad der Gebläse (0,6 bis 0,8),

p_m der mittlere Kompressionsdruck, der sich nach der folgenden Gleichung bestimmt

$$p_m = \frac{k}{k-1} \cdot p_1 \cdot 1000 \left[\left(\frac{p_2}{p_1} \right)^{\frac{k-1}{k}} - 1 \right] \quad . . (53).$$

In dieser Gleichung bedeutet:

p_1 den absoluten Druck in m Wassersäule, mit welcher das Gas dem Gebläse zuströmt,

p_2 den absoluten Druck in m Wassersäule hinter dem Gebläse,

k ist der Wert: Spezifische Wärme bei konstantem Druck, dividiert durch spezifische Wärme bei konstantem Volumen $\left(k = \frac{c_p}{c_v} \right)$. Für Leuchtgas kann man k zu 1,25 annehmen,.

wie dies bei trockenen Luftkompressoren der Fall ist, trotzdem k für reine Luft 1,41 beträgt.   Demgemäß ist $\dfrac{k}{k-1} = 5$ und
$\dfrac{k-1}{k} = 0,20$.

19. B e i s p i e l.

Wieviel Pferdestärken muß die Antriebsmaschine eines
Gasgebläses entwickeln können bei einer sekundlichen Leistung
von 1,2 cbm und bei einem Überdruck von 36 m Wassersäule?   Als Wirkungsgrad soll $\eta = 0,70$ gewählt werden.
Das Gas strömt dem Gebläse mit 50 mm (0,05 m) Wassersäule zu.

L ö s u n g.

Es ist
$$p_1 = 10,00 + 0,05 = 10,05 \text{ m Wassersäule,}$$
$$p_2 = 10,00 + 36,0 = 46,00 \text{ m Wassersäule.}$$

Demnach ist nach Gleichung (53)

$$p_m = \frac{1,25}{1,25-1} \cdot 10,05 \cdot 1000 \left[\left(\frac{46,00}{10,05} \right)^{\frac{1,25-1}{1,25}} - 1 \right] = 17\,840;$$

somit die erforderlichen PSe nach Gleichung (52)

$$N_e = \frac{1,2 \cdot 17\,840}{0,7 \cdot 75} = 401,5 \text{ PS.}$$

Es ist zweifelsohne derjenige Rohrdurchmesser am wirt-
schaftlichsten, der die geringsten Ausgaben für das Jahr bzw. für
eine bestimmte Zeit erfordert.   Die Ermittlung des günstigsten
Rohrdurchmessers ließe sich mathematisch lösen; doch sind
hierfür Annahmen zu machen, die in der Praxis nicht erfüllbar
sind.   Aus diesem Grunde ist es zweckmäßig, die Aufgabe auf
graphischem Wege zu lösen.

Da nun die durch die Leitung zu pressende Gasmenge
ständig im Wachsen begriffen ist, so muß bei Bestimmung
des wirtschaftlichen Rohrdurchmessers ein Zeitraum angenommen werden, bis zu welchem der erste Strang die Versorgung allein aufzunehmen hat.   Während dieser festgesetzten Zeit muß der Rohrdurchmesser ein Minimum von Ausgaben erfordern.

Die Bestimmung des wirtschaftlichen Rohrdurchmessers wird man, wie folgt, vornehmen. Zuerst ermittelt man die sekundlichen Gasmengen, die nach gewissen Zeitabschnitten, etwa von 3 zu 3 oder von 5 zu 5 Jahren durch die Leitung gepreßt werden müssen. Von den erhaltenen Werten bestimmt man den Mittelwert. Nunmehr greift man alle diejenigen Rohrdurchmesser heraus, durch welche diese mittlere Gasmenge mit einer Geschwindigkeit von 10 bis 50 m pro Sek. hindurchströmen würde.

Nachdem man die Wahl der zum Vergleich herangezogenen Rohrdurchmesser getroffen hat, lassen sich die Rohrkosten (R), die Maschinenkosten (M) und die Betriebskosten (B) ermitteln. Für die Bestimmung dieser Kosten ist stets die wirkliche Länge der Rohrleitung in Rechnung zu ziehen und nicht eine Einheitslänge, da die oben genannten Kosten von der Länge der Leitung beeinflußt werden. Um sich mit dem Rechnungsgang vertraut zu machen, wollen wir ein Beispiel durchrechnen.

20. Beispiel.

Eine Stadt soll von einer in einer Entfernung von 16 km gelegenen Zeche mit Koksofengas versorgt werden. Der Standort der Behälter ist derartig, daß diese 48 m tiefer liegen als die Kompressoranlage. Die Behälter erzeugen einen Druck von 120 mm. Die Leitung soll so bemessen werden, daß sie imstande ist, 15 Jahre lang die Versorgung allein aufzunehmen. Die voraussichtlichen Fördermengen sind unten zusammengestellt worden.

Betriebs-jahr	Mittlere Abgabe	Sekcbm	Maximale Abgabe	Sekcbm
1	12000 cbm pro Tag	0,139	17000 cbm pro Tag	0,197
5	15000 » » »	0,174	21000 » » »	0,244
10	19000 » » »	0,220	26500 » » »	0,307
15	25000 » » »	0,289	32500 » » »	0,376

Als Antriebsmaschinen sollen Gasmotoren gewählt werden, da 1 cbm Gas zum Selbstkostenpreis von 1,2 Pf. zur Verfügung steht. Die Leistung eines Maschinensatzes soll so be-

messen werden, daß es imstande ist, den höchsten Tagesbedarf der ersten 10 Jahre bei 20 stündigem Betrieb zu decken.
Es sollen 2 Aggregate aufgestellt werden. Im 10. Betriebsjahr soll ein dritter Maschinensatz aufgestellt werden, der
50% mehr als eines der ersten Aggregate zu leisten vermag.
Nach diesen Gesichtspunkten müssen also die ersten
beiden Maschinen $\frac{0,307}{20} \cdot 24 = 0,370$ Sekcbm und der dritte
Satz $0,370 + 0,185 = 0,555$ Sekcbm leisten.

L ö s u n g.

Die mittlere Abgabe während der 15 Jahre beträgt
$$\frac{0,139 + 0,174 + 0,220 + 289}{4} = 0,206 \text{ Sekcbm.}$$

Für diese Leistung ist bei einer Gasgeschwindigkeit von
10 m bzw. 50 m pro Sek. ein Querschnitt erforderlich von

$$f_1 = \frac{0,206}{10} = 0,0206 \text{ qm; entspricht einem}$$

Durchmesser von $0,162$ m,

$$f_2 = \frac{0,206}{50} = 0,0041 \text{ qm; entspricht einem}$$

Durchmesser von $0,073$ m.

Man wird daher die Rohrdurchmesser von 80 mm bis
175 mm lichte Weite für die Berechnung benutzen.

1. R o h r k o s t e n:

Die Kosten der betriebsfertig hergestellten Rohrleitungen
dürften im Mittel betragen:

Rohr-durchm.	Einheits-preis	Gesamtkosten der Leitung		
80	5,00	$16000 \cdot 5,00$	= Mk.	80000
100	6,10	$16000 \cdot 6,10$	= ,,	97600
125	7,50	$16000 \cdot 7,50$	= ,,	120000
150	9,00	$16000 \cdot 9,00$	= ,,	140000
175	10,50	$16000 \cdot 10,50$	= ,,	168000

Die Rohrkosten in den verschiedenen Betriebsjahren
bestimmen sich nach der Gleichung (48) bzw. (49) und sind

bei 2,5% Abschreibung, 4½% Verzinsung, ½% Unterhaltung und 2% Tilgung:

Betriebs-jahr	Rohrdurchmesser				
	80 mm	100 mm	125 mm	150 mm	175 mm
1	Mk. 7600	Mk. 9270	Mk. 11400	Mk. 13300	Mk. 15760
5	,, 7310	,, 8920	,, 10970	,, 12800	,, 15360
10	,, 6950	,, 8480	,, 10430	,, 12180	,, 14600
15	,, 6600	,, 8040	,, 9890	,, 11530	,, 13840
Insges.	Mk. 28460	Mk. 34710	Mk. 42690	Mk. 49810	Mk. 59560

Die nächste Aufgabe wäre, die Kosten der Maschinen zu ermitteln. Bevor jedoch nicht der Kraftbedarf der Maschinen bekannt ist, läßt sich nicht über die Anschaffungskosten derselben urteilen. Es wäre daher zuerst der Kraftbedarf der Antriebsmaschinen bei den verschiedenen Rohrdurchmessern zu ermitteln. Hierzu müssen wiederum die Druckhöhen (bzw. Reibungsverluste) der Gebläse bekannt sein.

Die eigentliche Förderhöhe setzt sich zusammen aus dem Behälterdruck, dem Höhenunterschied, dem Reibungsverlust in der Leitung und der Geschwindigkeitshöhe für den Gasaustritt. Die beiden ersteren Werte betragen bei einem spezifischen Gewicht von 0,40

$$= 120 + 48 \cdot 0,776 = 157 \text{ mm} = \infty\, 0,16 \text{ m}.$$

Die Druckverluste betragen bei den ersten Maschinensätzen, also bei einer Leistung von 0,370 Sekcbm (1332 Stdcbm) nach Gleichung (44):

$$\text{Bei} \quad 80 \text{ mm l. W.} \quad h = \frac{16}{1000} \cdot 484,78 \frac{1332^2}{8^5} = 42,1 \text{ m},$$

$$\text{» } \quad 100 \text{ mm l. W.} \quad h = \frac{16}{1000} \cdot 484,78 \frac{1332}{10^5} = 13,8 \text{ m},$$

$$\text{» } \quad 125 \text{ mm l. W.} \quad h = \frac{16}{1000} \cdot 484,78 \frac{1332^2}{12,5^5} = 1,92 \text{ m},$$

$$\text{» } \quad 150 \text{ mm l. W.} \quad h = \frac{16}{1000} \cdot 484,78 \frac{1332^2}{15^5} = 4,51 \text{ m}.$$

$$\text{» } \quad 175 \text{ mm l. W.} \quad h = \frac{16}{1000} \cdot 484,78 \frac{1332^2}{17,5^2} = 0,84 \text{ m},$$

Hier ist $\dfrac{16}{1000}$ eingesetzt, um als Resultat m zu erhalten.
Die bei dem dritten Aggregat auftretenden Druckverluste
sind (0,555 Sekcbm = 1998 Stdcbm):

Bei 80 mm l. W. $h = \dfrac{16}{1000} \cdot 484,78\,\dfrac{1998^2}{8^5} = 118,3$ m,

»   100 mm l. W. $h = \dfrac{16}{1000} \cdot 484,78\,\dfrac{1998^2}{10^5} =\ 31,0$ m,

»   125 mm l. W. $h = \dfrac{16}{1000} \cdot 484,78\,\dfrac{1998^2}{12,5^5} =\ 10,3$ m,

»   150 mm l. W. $h = \dfrac{16}{1000} \cdot 484,78\,\dfrac{1998^2}{15^5} =\ \ 4,07$ m,

»   175 mm l. W. $h = \dfrac{16}{1000} \cdot 484,78\,\dfrac{1998^2}{17,5^5} =\ \ 1,87$ m.

Nunmehr lassen sich nach Gleichung (52) die erforderlichen Pferdestärken der Antriebsmaschinen ermitteln, jedoch müssen hierfür zuerst die Werte von p_m bekannt sein.
Diese sind für die 0,370 Sekcbm leistenden Maschinen; bei
einer Saugspannung von 0,2 m Wassersäule ($p_1 = 10 -$
$0{,}2 = 9{,}8$):

Bei 80 mm l. W.
$$p_m = 5 \cdot 9{,}8 \cdot 1000 \left[\left(\frac{42{,}1 + 10 + 0{,}16}{9{,}8}\right)^{0{,}2} + 1\right] = 19\,503,$$
bei 100 mm l. W.
$$p_m = 5 \cdot 9{,}8 \cdot 1000 \left[\left(\frac{13{,}8 + 10 + 0{,}16}{9{,}8}\right)^{0{,}2} - 1\right] =\ 9\,604,$$
bei 125 mm l. W.
$$p_m = 5 \cdot 9{,}8 \cdot 1000 \left[\left(\frac{4{,}51 + 10 + 0{,}16}{9{,}8}\right)^{0{,}2} - 1\right] =\ 4\,115,$$
bei 150 mm l. W.
$$p_m = 5 \cdot 9{,}8 \cdot 1000 \left[\left(\frac{1{,}92 + 10 + 0{,}16}{9{,}8}\right)^{0{,}2} - 1\right] =\ 1\,862,$$
bei 175 mm l. W.
$$p_m = 5 \cdot 9{,}8 \cdot 1000 \left[\left(\frac{0{,}84 + 10 + 0{,}16}{9{,}8}\right)^{0{,}2} - 1\right] =\ 1\,137.$$

Somit ist

bei 80 mm l. W. $N_e = \dfrac{0{,}370 \cdot 19503}{0{,}70 \cdot 75} = 137 \sim 140$ PS,

» 100 mm l. W. $N_e = \dfrac{0{,}370 \cdot 9604}{0{,}70 \cdot 75} = 68 \sim 70$ »,

» 125 mm l. W. $N_e = \dfrac{0{,}370 \cdot 4115}{0{,}70 \cdot 75} = 29 \sim 30$ »,

» 150 mm l. W. $N_e = \dfrac{0{,}370 \cdot 1862}{0{,}70 \cdot 75} = 13 \sim 15$ »,

» 175 mm l. W. $N_e = \dfrac{0{,}370 \cdot 1137}{0{,}70 \cdot 75} = 8 \sim 10$ ».

Für das aufzustellende dritte Aggregat bestimmen sich die Werte p_m zu:

Bei 80 mm l. W.
$$p_m = 5 \cdot 9{,}8 \cdot 1000 \left[\left(\frac{118{,}3 + 10 + 0{,}16}{9{,}8}\right)^{0{,}2} - 1\right] = 32\,978 \text{ kg/qm,}$$

bei 100 mm l. W.
$$p_m = 5 \cdot 9{,}8 \cdot 1000 \left[\left(\frac{31{,}0 + 10 + 0{,}16}{9{,}8}\right)^{0{,}2} - 1\right] = 16\,366 \quad \text{»} \quad,$$

bei 125 mm l. W.
$$p_m = 5 \cdot 9{,}8 \cdot 1000 \left[\left(\frac{10{,}3 + 10 + 0{,}16}{9{,}8}\right)^{0{,}2} - 1\right] = 7\,791 \quad \text{»} \quad,$$

bei 150 mm l. W.
$$p_m = 5 \cdot 9{,}8 \cdot 1000 \left[\left(\frac{4{,}07 + 10 + 0{,}16}{9{,}8}\right)^{0{,}2} - 1\right] = 3\,838 \quad \text{»} \quad,$$

bei 175 mm l. W.
$$p_m = 5 \cdot 9{,}8 \cdot 1000 \left[\left(\frac{1{,}89 + 10 + 0{,}16}{9{,}8}\right)^{0{,}2} - 1\right] = 2\,011 \quad \text{»} \quad.$$

Demnach die Größe der Antriebsmaschinen:

Bei 80 mm l. W. $N_e = \dfrac{0{,}555 \cdot 32\,978}{0{,}70 \cdot 75} = 348 \sim 350$ PS,

» 100 mm l. W. $N_e = \dfrac{0{,}555 \cdot 16\,366}{0{,}70 \cdot 75} = 173 \sim 175$ »,

» 125 mm l. W. $N_e = \dfrac{0{,}555 \cdot 7791}{0{,}70 \cdot 75} = 83 \sim 85$ »,

» 150 mm l. W. $N_e = \dfrac{0{,}555 \cdot 3838}{0{,}70 \cdot 75} = 36 \sim 40$ »,

» 175 mm l. W. $N_e = \dfrac{0{,}555 \cdot 2011}{0{,}70 \cdot 75} = 22 \sim 25$ ».

Da nun die Anzahl der Pferdestärken für die Antriebsmaschinen bekannt sind, so läßt sich auf die Anschaffungskosten der Maschinen schließen, und zwar werden sich diese stellen auf:

Für die ersten Maschinensätze

bei 140 PS zu M. 34 000 pro Stück,
» 70 PS » » 18 000 » »
» 30 PS » » 8 000 » »
» 15 PS » » 3 600 » »
» 10 PS » » 2 250 » »

und für das dritte Aggregat zu

bei 350 PS zu M. 85 000,
» 175 PS » » 43 000,
» 85 PS » » 21 500.
» 40 PS » » 9 500,
» 25 PS » » 6 000.

Nunmehr lassen sich die Maschinenkosten nach Gleichung (50) in den einzelnen Betriebsjahren bestimmen. Da die Maschinen mit 8% abgeschrieben werden, so geht mit dem $\frac{100}{8} = 12\frac{1}{2}$. Jahr die Gleichung (50) in die Form der Gleichung (49) über. Die Maschinenkosten betragen:

	Be-triebs-jahr	Rohrdurchmesser				
		80 mm	100 mm	125 mm	150 mm	175 mm
1. Maschinensätze	1	11 220	5 940	2 640	1 190	745
»	5	10 980	5 820	2 580	1 160	730
»	10 {	10 680	5 650	2 510	1 130	705
3. Maschinensatz		14 020	7 100	3 550	1 570	990
1. Maschinensatze	15 {	4 910	2 610	1 160	525	330
3. Maschinensatz		13 710	6 940	3 470	1 530	970
Insgesamt M.		65 520	34 060	16 010	7 105	4 470

Als letztes wären noch die Betriebskosten zu ermitteln. Hierzu müssen jedoch die Betriebsstunden pro Tag bekannt sein. Diese sind:

Im ersten Betriebsjahr $\dfrac{0{,}139}{0{,}370} \cdot 24 = 9$ Betriebsstunden,

» fünften » $\dfrac{0{,}174}{0{,}370} \cdot 24 = 11{,}5$ »

» zehnten » $\dfrac{0{,}220}{0{,}370} \cdot 24 = 14{,}5$ »

» fünfzehnten » $\dfrac{0{,}286}{0{,}370} \cdot 24 = 18{,}5$ »

Im 15. Jahr ist während den Wintermonaten die Abgabe so groß, daß eine der kleinen Maschinen nicht imstande ist, den Tagesbedarf zu decken, und es muß daher das dritte Aggregat eine Zeitlang laufen und wollen hierfür 1½ Stunden im Durchschnitt für das ganze Jahr und Tag annehmen, so daß in Wirklichkeit im 15. Jahr die kleinen Maschinen nur $18{,}5 - 1{,}5 = 17$ Stunden in Betrieb sind. Wir wollen durchgehends mit einem Gasverbrauch von 0,58 cbm pro PS und Std. rechnen, so daß sich die Pferdekraft und Stunde auf $0{,}58 \cdot 1{,}2 = 0{,}7$ Pf. stellt. Demnach betragen die Betriebskosten nach Gleichung (51):

Betriebs-jahr	Rohrdurchmesser				
	80 mm	100 mm	125 mm	150 mm	175 mm
1	3 220	1 610	690	345	230
5	4 110	2 060	880	440	395
10	5 190	2 590	1 110	560	370
50 {	6 080	3 030	1 300	650	435
	1 340	670	325	155	95
Insges.	19 940	9 960	4 305	2 050	1 525

Da nun alle Kosten festliegen, läßt sich leicht feststellen, welcher Rohrdurchmesser während den 15 Jahren die geringsten Ausgaben verursacht.

Kostenzusammenstellung.

Art der Kosten	Rohrdurchmesser				
	80 mm	100 mm	125 mm	150 mm	175 mm
Rohrkosten	28 460	34 710	42 690	49 810	59 560
Maschinenkosten . .	65 520	34 060	16 010	7 105	4 470
Betriebskosten . . .	19 940	9 960	4 305	2 050	1 525
Ingesamt M.	114 920	78 730	63 005	58 965	65 555

Aus dieser Zusammenstellung ersehen wir, daß der 150 mm-Rohrdurchmesser für diesen Fall die geringsten Ausgaben während der 15 Jahre verursacht und daher zu wählen ist. Auf Tafel 8 sind die Werte graphisch aufgetragen.

c) Ermittlung des wirtschaftlichen Rohrdurchmessers für eine zweite Ferngasleitung.

Nach einer Reihe von Jahren tritt bei einer Ferngasleitung der Zustand ein, daß diese durch den sich immer steigernden Konsum nicht mehr in der Lage ist, den Bedarf zu decken und es muß daher der ersten Leitung ein zweiter Strang parallel verlegt werden. Bei der Wahl des Rohrdurchmessers für die zweite Leitung wird man selbstverständlich die gleichen wirtschaftlichen Gesichtspunkte beobachten, als dies bei der Bemessung der ersten Leitung zu geschehen hat. Hier stellt man ebenfalls die Forderung auf, daß die Ausgaben für den zweiten Rohrstrang für eine bestimmte Anzahl von Jahren ein Minimum erreichen.

Im allgemeinen geht man mit der Bestimmung des wirtschaftlichen zweiten Rohrdurchmessers in gleicher Weise vor, wie dies im vorhergegangenen Artikel beschrieben worden ist. Die erste Aufgabe ist auch hier, die mutmaßliche Gasabgabe für eine Reihe weiterer Jahre zu bestimmen, was an Hand der vorhandenen Unterlagen über die bisherige Abgabe möglich ist. Hierauf bestimmt man die mittlere Gasmenge, die während des gewählten Zeitraumes für die zweite Leitung mehr zu fördern ist, gegenüber dem Jahr vorher, wo die neue Leitung in Benutzung genommen werden soll. Demnach ist

$$Q_m = \frac{Q_l - Q_v}{3600 \cdot n \cdot 2} \quad \ldots \ldots \ldots \text{(54)}.$$

Hier bedeutet:

Q_l die mittlere Gasabgabe pro Tag im letzten Jahr des gewählten Zeitabschnittes,

Q_v die mittlere Gasabgabe pro Tag im vorhergehenden Jahr, die die erste Leitung zu leisten hatte,

n die mittlere Betriebsdauer pro Tag während des weiteren Zeitabschnittes.

Z. B. Haben nach 20 Jahren zwei Leitungen 45 000 cbm pro Tag zu fördern und beträgt die Abgabe im letzten Jahr der ersten Leitung 15 000 cbm, so ist bei 18 stündiger mittlerer Betriebsdauer der Maschinen während den 20 Jahren

$$Q_m = \frac{45\,000 - 15\,000}{3600 \cdot 18 \cdot 2} = 0,231 \text{ Sekcbm.}$$

Hierauf bestimmt man diejenigen Rohrdurchmesser, durch welche die Gasmenge Q_m mit einer Geschwindigkeit von 10 bis 50 m pro Sek. strömen würde. Ist dies geschehen, so erfolgt die Ermittlung der Leistungsfähigkeit der gewählten Rohrdurchmesser, gegenüber der vorhandenen Fernleitung nach Gleichung (22) bis (23). Da hierdurch die jeweiligen Belastungen bekannt werden, so lassen sich die Druckverluste in den Rohrleitungen bestimmen. Danach ist die Möglichkeit gegeben, die Rohrkosten nach Gleichung (49) und die Betriebskosten nach Gleichung (51) zu bestimmen, da sich nach Ermittlung der Druckverluste die erforderlichen PS berechnen lassen.

Bei der Bestimmung des wirtschaftlichen Rohrdurchmessers für eine zweite Ferngasleitung dürfte es außerordentlich schwer sein, die Maschinenkosten in Rücksicht zu ziehen. Man nimmt hiervon besser Abstand und wählt den aus den Rohr- und Betriebskosten sich ergebenden wirtschaftlichen Rohrdurchmesser um 25 bis 50 mm größer. Dies geschieht aus dem Grunde, da die wirtschaftliche Geschwindigkeit sich mit Berücksichtigung der Maschinenkosten gegenüber den oben genannten Kosten verkleinert.

Fünfter Abschnitt.

Der Bau von Gasrohrleitungen und Gasrohrnetzen.

a) Rohre, Formstücke und Armaturen.

Für Gasrohrleitungen werden gußeiserne oder schmiedeeiserne Muffenrohre in Anwendung gebracht, mit Ausnahme

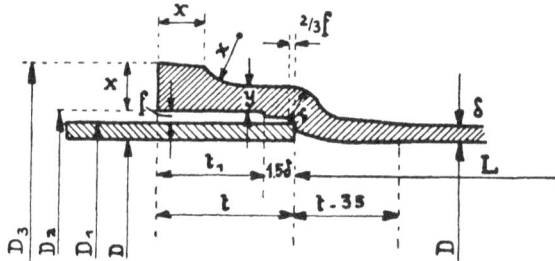

Tabelle
Normalien der gußeisernen

Lichte Weite des Rohres	Normale Wandstärke	Äußerer Durchmesser des Rohres	Innerer Durchmesser der Muffe	Äußerer Durchmesser der Muffe	Muffentiefe	Dichtungstiefe	Normale Rohrlänge		
D	δ	D_1	D_2	D_3	t	t_1	L	x	y
40	8	56	70	116	74	62	3	23	11
50	8	66	81	127	77	65	3	23	11
60	8,5	77	92	140	80	67	3	24	12
70	8,5	87	102	150	82	69	3,5	24	12
80	9	98	113	163	84	70	3,5	25	12,5
90	9	108	123	173	86	72	3,5	25	12,5
100	9	118	133	183	88	74	4	25	13
125	9,5	144	159	211	91	77	4	26	13,5
150	10	170	185	239	94	79	4	27	14
175	10,5	196	211	267	97	81	4	28	14,5
200	11	222	238	296	100	83	4	29	15
225	11,5	248	264	324	100	83	4	30	16
250	12	274	291	353	103	84	4	31	17
275	12,5	300	317	381	103	84	4	32	17,5
300	13	326	343	409	105	85	4	33	18
325	13,5	352	369	437	105	85	4	34	19
350	14	378	395	465	107	86	4	35	19,5
375	14	403	421	491	107	86	4	35	20
400	14,5	429	448	520	110	88	4	36	20,5
425	14,5	454	473	545	110	88	4	36	20,5
450	15	480	499	573	112	89	4	37	21
475	15,5	506	525	601	112	89	4	38	21,5
500	16	532	552	630	115	91	4	39	22,5
550	16,5	583	603	683	117	92	4	40	23
600	17	634	655	737	120	94	4	41	24
650	18	686	707	793	122	95	4	43	25
700	19	738	760	850	125	96	4	45	26,5
750	20	790	812	906	127	97	4	47	28
800	21	842	866	964	130	98	4	49	29,5
900	22,5	945	970	1074	135	101	4	52	31,5
1000	24	1048	1074	1184	140	104	4	55	33,5
1100	26	1152	1178	1296	145	106	4	59	36,5
1200	28	1256	1282	1408	150	108	4	63	39

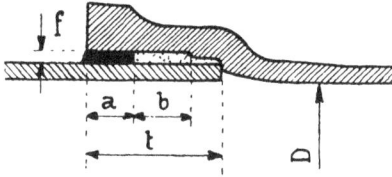

9. Muffenrohre.

Gewicht des glatten Rohres pro lfdm	Gewicht der Muffe	Gewicht des Rohres von vorst. Baulänge	Gewicht des lfdm Rohres inkl. der Muffe	Stärke der Dichtungsfuge	Normale Höhe des Bleiringes	Normale Höhe des Hanfstrickes	Gewicht des Bleiringes	Gewicht des Hanfstrickes
				f	a	b		
8,75	2,68	28.93	9,64	7	35	27	0,51	0,05
10,57	3,14	34,85	11,62	7,5	35	30	0,69	0,07
13,26	3,89	43,67	14,56	7,5	40	32	0,73	0,07
15,20	4,35	57,55	16,44	7,5	40	28	0,94	0,09
18,24	5,09	68,93	19,69	7,5	40	30	1,05	0,10
20,29	5,70	76,72	21,92	7,5	40	32	1,15	0,12
22,34	6,20	84,39	24,11	7,5	40	34	1,35	0,14
29,10	7,64	124,04	31,01	7,5	45	32	1,70	0,17
36,44	9,89	155,65	38,91	7,5	45	34	2,14	0,21
44,36	12,00	189,44	47,36	7,5	45	36	2,46	0,25
52,86	14,41	225,85	56,46	8	45	38	2,97	0,30
51,95	16,89	264,69	66,17	8	50	33	3,67	0,37
71,61	19,61	306,05	76,51	8,5	50	34	4,30	0,43
81,85	22,51	349,91	87,48	8,5	50	34	4,69	0,47
92,68	25,78	396,50	99,13	8,5	50	35	5,09	0,51
104,08	28,83	445,15	111,29	8,5	50	35	5,16	0,52
116,07	32,23	496,51	124,13	8,5	50	36	5,53	0,55
124,04	34,27	530,43	132,61	9	50	36	6,64	0,66
136,89	39,15	586,71	146,68	9,5	50	38	7,46	0,75
145,15	41,26	621,85	155,46	9,5	50	38	7,89	0,79
158,07	44,90	680,38	170,10	9,5	50	39	8,33	0,83
173,17	48,97	741,65	185,41	9,5	50	39	8,77	0,88
188,04	54,48	806,64	201,66	10	55	36	10,13	1,01
212,90	62,34	913,94	228,49	10	55	37	11,70	1,17
238,90	71,15	1026,75	256,69	10,5	55	39	13,33	1,33
273,86	83,10	1178,54	294,64	10,5	55	40	14,40	1,44
311,15	98,04	1342,64	335,66	11	55	41	15,50	1,55
350,76	111,29	1514,33	378,58	11	60	37	17,40	1,74
396,69	129,27	1700.03	425,01	12	60	38	20,20	2,02
472,76	160,17	2051,21	512,80	12,5	60	41	24,70	2,47
559,76	165,99	2435,03	608,76	13	65	39	29,20	2,92
666,81	243,76	2911,00	727.75	13	65	41	34,0	3,40
738,15	294,50	3427,10	856,78	13	65	43	39,0	3,90

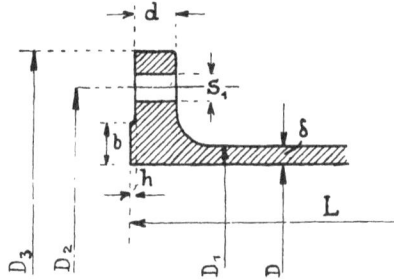

Tabelle

Normalien der·gußeisernen

Lichte Weite des Rohres	Normale Wandstärke	Äußerer Durchmesser des Rohres	Lochkreisdurchmesser	Flanschendurchmesser	Stärke des Flanschen	Breite der Dichtungsleiste	Höhe der Dichtungsleiste	Durchmesser des Schraubenloches	
D	δ	D_1	D_2	D_3	d	b	h	s_1	L
40	8	56	110	140	18	25	3	15	3
50	8	66	125	160	18	25	3	18	3
60	8,5	77	135	175	19	25	3	18	3
70	8,5	87	145	185	19	25	3	18	3
80	9	98	160	200	20	25	3	18	3
90	9	108	170	215	20	25	3	18	3
100	9	118	180	230	20	28	3	21	3
125	9,5	144	210	260	21	28	3	21	3
150	10	170	240	290	22	28	3	21	3
175	10,5	196	270	320	22	30	3	21	3
200	11	222	300	350	23	30	3	21	4
225	11,5	248	320	370	23	30	3	21	4
250	12	274	350	400	24	30	3	21	4
275	12,5	300	375	425	25	30	3	21	4
300	13	326	400	450	25	30	3	21	4
325	13,5	352	435	490	26	35	4	25	4
350	14	378	465	520	26	35	4	25	4
375	14	403	495	550	27	35	4	25	4
400	14,5	429	520	575	27	35	4	25	4
425	14,5	454	545	600	28	35	4	25	4
450	15	480	570	630	28	35	4	25	4
475	15,5	506	600	655	29	40	4	25	4
500	16	532	625	680	30	40	4	25	4
550	16,5	583	675	740	33	40	5	28,5	4
600	17	634	725	790	33	40	5	28,5	4
650	18	686	775	840	33	40	5	28,5	4
700	19	738	830	900	33	40	5	28,5	4
750	20	790	880	950	33	40	5	28,5	4

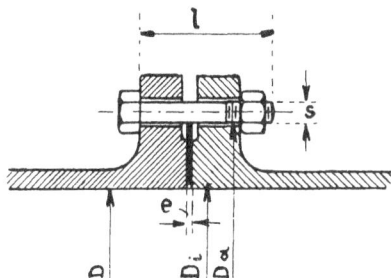

10.
Flanschenrohre.

Gewicht des Rohres von vorst. Lange	Gewicht eines lfdm Rohres inkl. der Flanschen	Gewicht der Flanschen	Innerer Durchmesser der Dichtung	Äußerer Durchmesser der Dichtung	Starke der Dichtung	Anzahl der Schrauben	Starke der Schrauben	Lange der Schrauben
			D	D_a	e		s	l
30,03	10,01	1,89	43	97	2,5	4	$1/2$	70
36,53	12,18	2,41	53	109	2,5	4	$5/8$	75
45,70	15,23	2,96	63	119	2,5	4	$5/8$	75
52,02	17,34	3,21	74	129	2,5	4	$5/8$	75
62,40	20,80	3,84	85	144	2,5	4	$5/8$	75
69,61	23,20	4,37	95	154	2,5	4	$5/8$	75
76,94	25,65	4,69	105	161	3	4	$3/4$	85
99,82	33,27	6,26	130	191	3	4	$3/4$	85
124,70	41,56	7,69	155	221	3	6	$3/4$	85
151,00	50,33	8,96	180	251	3	6	$3/4$	85
232,86	58,22	10,71	205	281	3	6	$3/4$	85
269,84	67,46	11,02	230	301	3	6	$3/4$	85
312,40	78,10	12,98	255	331	3	8	$3/4$	100
356,22	89,06	14,41	280	356	3	8	$3/4$	100
401,36	100,34	15,32	305	381	3,5	8	$3/4$	100
455,28	113,82	19,48	330	412	3,5	10	$7/8$	105
506,86	126,72	21,29	355	442	3,5	10	$7/8$	105
544,74	136,19	24,29	380	472	3,5	10	$7/8$	105
598,44	149,61	25,44	405	497	3,5	10	$7/8$	105
635,88	158,97	27,64	430	522	3,5	12	$7/8$	105
695,26	173,82	29,89	455	547	3,5	12	$7/8$	105
757,50	189,38	32,41	480	577	3,5	12	$7/8$	105
821,54	205,39	34,69	505	602	4	12	$7/8$	105
940,16	235,04	44,28	555	649	4	14	1	120
1050,42	262,61	47,41	605	699	4	16	1	120
1195,70	298,93	50,13	655	749	4	18	1	120
1357,60	339,40	56,50	705	804	4	18	1	120
1522,66	380,67	59,81	755	854	4	20	1	120

von Leitungen in den Betriebsgebäuden von Gaswerken, wo auch Flanschenrohre verwandt werden.

Die gußeisernen Rohre werden nach den aufgestellten Normalien von 1882 angefertigt. Die Abmessungen dieser Rohre gehen aus der Tabelle 9 hervor. Zum Schutze gegen Rostangriff werden die Rohre innen und außen mit einem Asphaltüberzug versehen. Vor der Asphaltierung werden die Rohre auf ihre Dichtigkeit geprüft.

Schmiedeeiserne Rohre haben die gußeisernen Rohre in manchen Bezirken sehr zurückgedrängt und ganz besonders in bergbaulichen Gegenden, wo man in Anbetracht der vielen Bodensenkungen mit Rohrbrüchen sehr zu kämpfen hat. Normalien existieren hierfür bis heute noch nicht, doch weichen die Wandstärken für normale Verhältnisse der einzelnen Fabrikate nicht oder nur wenig voneinander ab. Die Muffenprofile sind wiederum großen Schwankungen unterworfen. Die Muffentiefen und Dichtungsstärken sind den Normalien für gußeiserne Rohre entlehnt.

Auf die Vor- und Nachteile beider Rohrarten ist in dem Werk »D. R. st. W.« näher eingegangen worden.

Die Formstücke, die für den Gasleitungsbau verwandt werden, werden nach den bereits erwähnten Normalien aus dem Jahre 1882 hergestellt.

Als Abzweigstücke werden nur B- und B-B-Stücke (Tabelle 11) verwandt, während A-Stücke (Tabelle 10) nur für Hochdruckleitungen und C-Stücke nur in äußerst seltenen Fällen Verwendung finden. Auch werden Wassertöpfe als Abzweigstücke mit Vorliebe angewandt, worauf wir später noch zurückkommen werden.

An Knickpunkten der Leitung baut man Muffenkrümmer ein. Je nach den vorliegenden Verhältnissen und der Größe der Rohre wählt man K-, L- oder I-Krümmer (siehe Tabelle 13, 14 und 15). Die K-Stücke wählt man bei schlanken Bogen und kleineren Durchmessern, hingegen verwendet man bei großen Rohrdurchmessern L-Stücke, da diese nicht so große Baulängen haben und die Verlegung erleichtern. Flanschenkrümmer kommen, außer in den Betriebsgebäuden von Gaswerken, nicht zur Anwendung. Eine Sicherung der Krümmer gegen Austrieb aus den Muffen ist in Anbetracht der geringen Druckhöhen, die bei normalen Straßenleitungen in Frage kommen, nicht erforderlich. Bei Hochdruckleitungen ist die Sicherung der Krümmer durch Schellen oder Betonklötze unumgänglich.

E- und F - S t ü c k e (siehe Tabelle 16) kommen nur bei Ferndruckleitungen und Betriebsrohrleitungen zur Anwendung. Im ersten Falle dienen diese für den in gewissen Abständen einzubauenden Schieber, vorausgesetzt, daß keine Muffenschieber verwandt werden, wie es größtenteils bei Gasrohrleitungen geschieht.

Um eine Verbindung von einem größeren auf einen kleineren Rohrdurchmesser oder umgekehrt vornehmen zu können, benutzt man die sog. R e d u k t i o n s - oder R-stücke (siehe Tabelle 18).

S t o p f e n und K a p p e n dienen denselben Zwecken wie bei Wasserrohrleitungen, für eine dauernde oder vorübergehende Abdichtung. Eine Verankerung wird nur in höchst seltenen Fällen notwendig sein (Hochdruckleitungen, siehe Tabelle 17).

Ü b e r s c h i e b e r werden bei Anschluß- und Reparaturarbeiten benutzt. Auch bei Neuverlegungen kommen diese zur Anwendung, um größere Abfallstücke verwenden zu können (siehe Tabelle 19). G e t e i l t e Ü b e r s c h i e b e r wendet man bei Rohrbrüchen an, wo das Rohr quer gerissen ist, um einen solchen Defekt schnell und auf einfache Weise beseitigen zu können (Tabelle 19).

Da sich in Gasrohrleitungen Kondensate von Wasserdämpfen, Teer usw. ausscheiden, so ist es unbedingt erforderlich, diese durch in die Leitung einzubauende Behälter zu sammeln und auf geeignete Weise zu entfernen. Zu diesem Zweck werden an den tiefsten Punkten der Leitung W a s s e r t ö p f e , auch S i p h o n s genannt, vor-

Tabelle 11.

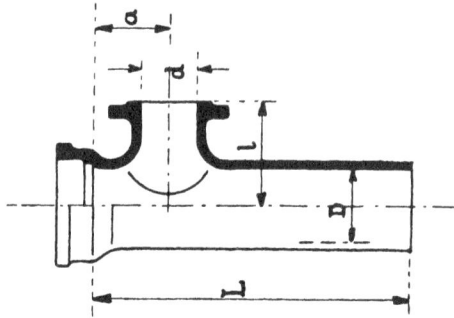

A-Stück.

$$a = 100 + 0,2\,D + 0,5\,d$$
$$l = 120 + 0,1\,d$$
$$r = 40 + 0,05\,d$$

Durchmesser des Hauptrohres	Lichte Weite												
	60	80	100	125	150	175	200	225	250	275	300	325	350
										Gewichte der			
60	21,5												
80	28	29,5											
100	33	35	37										
125	47	49	51,5	53									
150	57	59,5	62,5	64,5	57								
175	69,5	72	75	77	80	82							
200	83	85	88	90	93	95	98						
225	95	97	100,5	103	106	108	111	114					
250	107	108	112	114	117	119	122	125	125				
275	124	127	131	133	136	138	141	144	147	150			
300	141	143	147	149	152	154	157	160	163	166	170		
325	159	161	165	167	169	170	173	176	179	182	186	192	
350	176	178	181	183	186	188	191	194	197	200	204	244	249
375	187	189	193	195	198	200	203	206	209	212	216	256	262
400	208	210	213	215	217	220	223	226	229	232	236	282	286
425	220	222	225	227	230	232	235	238	241	244	248	299	303
450	239	241	244	246	249	252	255	258	261	264	268	320	325
475	261	263	266	268	271	273	276	279	282	285	288	346	349
500	284	286	290	292	295	297	300	303	306	309	313	372	378
550	321	323	327	329	332	333	336	339	342	406	410	415	421
600	361	363	366	368	371	373	376	379	382	453	458	463	470
650	415	417	420	422	425	427	430	433	436	517	521	526	533
700	475	477	480	482	485	487	490	493	496	588	592	598	604
750	535	537	541	543	546	548	551	554	557	660	664	669	676
800	718	720	725	727	730	731	732	735	738	741	744	750	756
900	1004	1006	1010	1012	1014	1015	1018	1021	1024	1027	1030	1036	1042
1000	1516	1518	1521	1523	1521	1522	1525	1528	1531	1534	1537	1543	1549

11.

Abmessungen über die Baulängen L der A-Stücke.

D	d	L	D	d	L
40—100 / 125—325	25—100 / 125—325	0,80 m / 1,00 »	150—800	25—425 / 450—800	1,25 m / 1,50 »
350—500	25—300 / 325—500	1,00 m / 1,25 »	800—900	25—500 / 550—900	1,25 m / 1,50 »
550—750	25—250 / 275—500 / 550—750	1,00 m / 1,25 » / 1,50 »	1000	25—100	2,00 m

der Abzweige

A-Stücke in kg

375	400	425	450	475	500	550	600	650	700	750	800	900	1000	Gewicht des Abzweiges
														4,66
														6,17
														7,86
														10,13
														12,60
														15,08
														18,11
														19,87
														22,36
														26,52
														29,22
														35,39
														39,27
262														44,06
292	302													54,39
310	320	325												56,27
332	342	347	350											61,12
356	366	371	375	382										67,47
385	395	400	403	410	417									73,25
428	438	443	457	464	471	541								89,55
475	487	492	495	502	509	595	605							99,43
540	550	555	560	567	574	669	679	690						110,82
611	621	626	629	636	643	749	759	770	788					126,59
683	693	698	701	708	715	835	845	856	874	893				140,59
763	771	780	782	789	796	926	936	948	964	985	1060			177,00
1049	1057	1066	1067	1073	1082	1236	1246	1258	1274	1294	1369	1428		211,00
1556	1564	1573	1575	1579	1591	1610	1620	1632	1648	1668	1743	1801	1870	245,00

Tabelle

B - Stück.

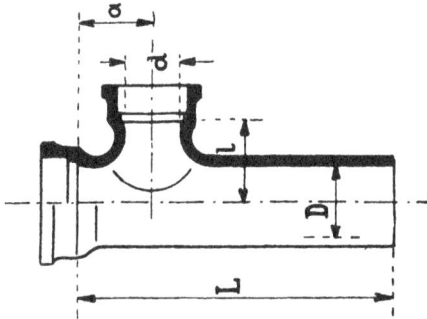

$$a = 100 + 0{,}2\,D + 0{,}5\,d$$
$$l = 0{,}5\,D + t_1.$$

Durchmesser des Hauptrohres	60	80	100	125	150	175	200	225	250	275	300	325	350
	Lichte Weite												
60	22,5												
80	28	30											
100	33	35	37										
125	48	50	52	54									
150	59	61	64	66	69								
175	70	72	75	77	79	83							
200	82	84	87	90	93	96	100						
225	94	96	98	103	107	111	114	117					
250	107	108	113	116	119	123	126	129	132				
275	125	127	130	132	134	137	140	145	150	156			
300	141	143	147	149	151	155	160	164	168	173	177		
325	158	160	162	163	165	168	172	176	180	186	192	198	
350	176	178	182	184	186	188	192	197	202	206	211	249	255
375	187	189	192	194	196	198	202	206	211	216	222	262	268
400	207	209	212	214	216	220	224	229	234	239	243	287	293
425	220	222	224	227	229	231	235	239	243	249	255	303	307
450	239	241	244	246	248	252	256	260	265	270	275	325	329
475	261	263	268	270	274	278	282	286	289	292	296	350	353
500	284	286	290	292	294	298	302	306	310	314	319	379	382
550	321	323	327	329	331	337	340	344	347	412	417	422	427
600	362	364	368	370	372	376	379	382	386	461	466	471	476
650	415	417	420	422	424	426	430	435	441	524	529	534	539
700	475	478	484	485	489	492	495	498	500	594	599	604	609
750	536	538	542	544	546	550	554	558	561	667	672	677	682
800	717	719	722	724	726	730	734	738	742	747	752	757	762
900	1004	1006	1009	1012	1016	1018	1020	1024	1028	1033	1038	1043	1048
1000	1511	1514	1516	1517	1519	1522	1526	1530	1537	1542	1547	1552	1557

12.

Abmessungen über die Baulängen L der B-Stücke.

D	d	L	D	d	L
25—100 125—325	25—100 125—325	0,80 m 1,00 »	750—800	25—425 450—800	1,25 m 1,50 »
350—500	25—300 325—500	1,00 m 1,25 »	800—900	25—500 550—900	1,25 m 1,50 »
550—750	25—250 275—500 550—750	1,00 m 1,25 » 1,50 »	1000	25—1000	2,00 m

der Abzweige

375	400	425	450	475	500	550	600	650	700	750	800	900	1000	Gewicht des Abzweiges
														4,95
														6,62
														8,16
														10,29
														13,32
														16,30
														19,70
														23,08
														27,0
														40,9
														35,1
														39,8
														44,7
274														47,5
299	312													58,8
310	325	330												63,2
332	345	350	355											68,4
356	369	374	379	391										75,2
385	399	404	409	417	426									83,1
431	442	449	454	461	470	548								96,5
480	491	498	503	510	519	603	616							109,0
544	555	562	567	574	583	676	699	707						127,5
614	625	632	637	644	653	757	770	788	810					149,5
687	698	705	710	717	726	843	856	874	896	917				170,6
767	778	785	790	797	806	935	951	966	988	1009	1044			205,0
1053	1064	1071	1076	1083	1092	1244	1257	1275	1297	1318	1354	1400		256,0
1562	1573	1580	1585	1592	1600	1613	1626	1644	1660	1687	1722	1772	1832	315,0

B-Stucke in kg

7*

Tabelle 13.
K-Stücke.

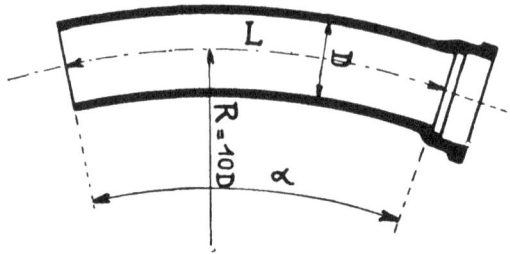

Lichte Weite mm	Radius mm	$11\frac{1}{4}°$		$22\frac{1}{2}°$		$30°$		$45°$	
		L	Gew. kg	L	Gew. kg	L	Gew. kg	L	Gew. kg
60	600							551	12,9
80	800					503	16,4	712	20,7
100	1000	284		481	19,5	612	22,9	873	30,8
125	1250	337		582	28,3	746	33,8	1072	46,4
150	1500	389		683	37,6	879	48,2	1272	67,5
175	1750	441		784	53,8	1013	65,5	1472	
200	2000	493		885	70,4	1147	86,3	1670	
225	2250	542		984	89,5	1278	110,5	1868	
250	2500	594	71,5	1085	111,9	1412	144,9		
275	2750	643	86,4	1183	137,2	1543	171,1		
300	3000	694	103,6	1283	166,4	1671			
325	3250	743	122,1	1381	198,5	1801			
350	3500	794	132,7	1481	223,3				
375	3750	843	159,7	1579	264,7				
400	4000	895	185,9	1680	309,5				
425	4250	944	205,0	1779					
450	4500	996	233,6	1879					
475	4750	1045	264,4	1977					
500	5000	1097	313,0	2078					
550	5500	1197	380,6						
600	6000	1298	457,5						
650	6500	1398	558,9						
700	7000	1498	677,2						
750	7500	1599							
800	8000	1700							

Tabelle 14.

L-Stücke.

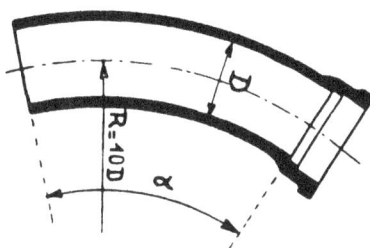

Lichte Weite mm	Radius mm	$11^{1}/_{4}{}^{0}$		$22^{1}/_{2}{}^{0}$		30^{0}		45^{0}	
		L	Gew. kg	L	Gew. kg	L	Gew. kg	L	Gew. kg
60	300								
80	400								
100	500								
125	625							582	29
150	750							683	40
175	875					555	29	784	54
200	1000					624	55	984	71
225	1125					689	69	1085	90
250	1250					758	74	1183	112
275	1375			643	87	823	104	1283	138
300	1500			694	104	890	125	1381	167
325	1625			743	122	956	148	1481	199
350	1750			794	133	1023	174	1579	277
375	1875			843	160	1089	195	1680	310
400	2000			895	186	1157	227		
425	2125			944	205	1222	252		
450	2250			996	234	1290	287		
475	2375			1045	265	1356	326		
500	2500	606	192	1097	300	1424	371		
550	2750	667	243	1197	365	1557	453		
600	3000	709	272	1297	439	1690	546		
650	3250	759	333	1398	536				
700	3500	800	397	1499	640				
750	3750	863	475						
800	4000	915	562						

Tabelle 15.

J-Stücke.

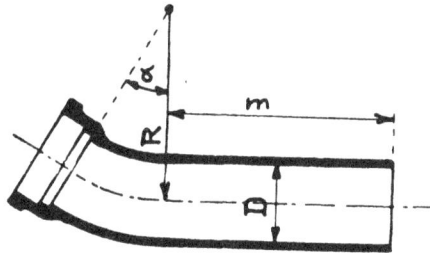

Lichte Weite mm	Radius mm	m mm	$11^{1}/_{4}\,{}^0/_0$		$22,5\,{}^0/_0$		$30\,{}^0/_0$	
			L mm	Gew. kg	L mm	Gew. kg	L mm	Gew. kg
60	250	260	309	9	358	10	391	11
80	250	280	329	14	378	14	411	16
100	250	300	349	16	398	17	431	19
125	275	325	379	22	432	24	470	25
150	300	350	408	29	466	32	508	33
175	325	375	439	37	503	40	545	41
200	350	400	469	45	537	50	583	52
225	375	425	499	55	572	61	621	64
250	400	450	529	67	607	73	659	76
275	425	475	559	78	642	87	697	92
300	450	500	588	93	676	102	735	108
325	475	525	618	107	711	119	773	126
350	500	550	648	124	746	137	812	146
375	525	575	678	135	781	151	850	171
400	550	600	708	157	816	174	888	185
425	575	600	713	167	826	184	901	198
450	600	600	718	183	835	205	914	219
475	625	600	723	201	845	225	927	241
500	650	600	728	240	855	244	940	266
550	700	600	737	252	874	286	966	309
600	750	600	747	287	894	329	993	355
650	800	600	757	335	914	384	1019	417
700	850	600	762	386	934	447	1045	487

Tabelle 16.

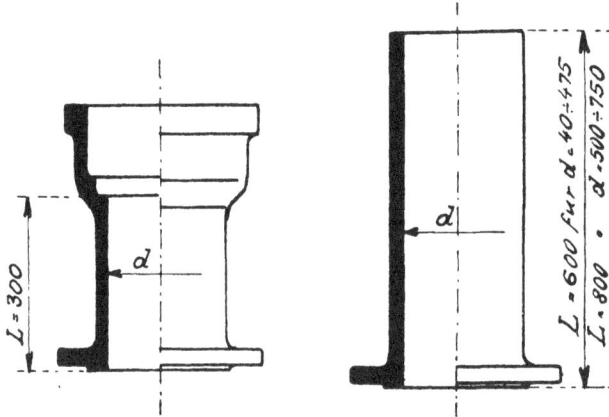

Lichte Weite mm	E-Stuck kg	F-Stuck kg	Lichte Weite mm	E-Stuck kg	F-Stuck kg	Lichte Weite mm	E-Stück kg	F-Stuck kg
60	12	11	250	62	61	450	140	142
80	17	16	275	71	70	475	152	155
100	21	20	300	82	80	500	167	212
125	26	25	325	87	89	550	195	246
150	33	32	350	102	100	600	218	273
175	40	39	375	106	107	650	248	309
200	47	46	400	123	120	700	285	350
225	55	54	425	128	125	750	317	391

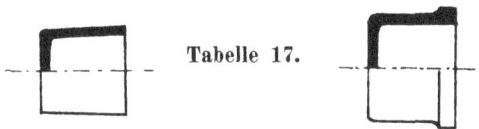

Tabelle 17.

Lichte Weite mm	Stopfen kg	Kappe kg	Lichte Weite mm	Stopfen kg	Kappe kg	Lichte Weite mm	Stopfen kg	Kappe kg
60	2	5,5	150	9	15	250	20	32
80	3	8	175	12	20	275	22	33
100	4,5	10	200	14	25	300	25	35
125	6,5	12	225	17	28	350	30	42

Tabelle 18.

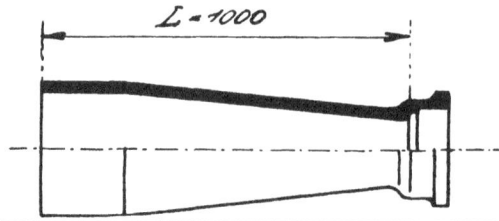

Gewichte der R-Stucke in kg

Lichte Weite mm	60	80	100	125	150	175	200	225	250	275	300	325	350	375	400	425	450	475	500	550	600
60	23																				
80	26																				
100	29	33																			
125	36	35	42																		
150	43	40	46	51																	
175	49	47	51	56	62																
200		54	58	63	69	75															
225		61	64	69	75	81	88														
250		68	72	77	82	88	95	103													
275		76	79	84	90	96	102	111	118												
300		82	86	91	97	103	110	118	126	135											
325			96	100	106	112	119	126	134	142	150										
350			103	108	114	120	127	134	148	149	157										
375				118	124	130	136	142	157	154	162	175									
400					130	136	142	148	160	163	172	182	198								
425							145	153	172	170	175	192	208								
450									178	176	182	196	220	230							
475										198	196	200	230	245	242						
500											210	228	245	257	260	267	275				
550														280	270	281	290	315	330		
600															295	310	325	335	350		
650															322	336	350	367	374	385	
700															340	351	362	373	385	400	430
750															360	370	380	390	400	425	450

Tabelle 19.

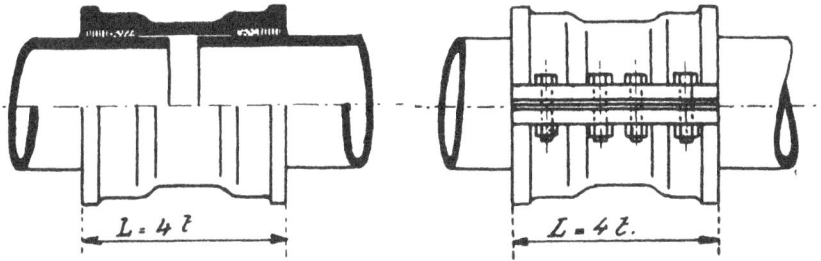

$L = 4\,l$ $L = 4\,l.$

Lichte Weite	Bau- länge	Ein- facher Über- schieber	Zwei- teiliger Über- schieber	Lichte Weite	Bau- lange	Ein- facher Über- schieber	Zwei- teiliger Über- schieber
mm	mm	kg	kg	mm	mm	kg	kg
60	320	13	22	325	420	95	
80	350	17	25	350	428	103	
100	352	22	31	375	428	112	
125	364	30	40	400	440	125	
150	376	34	52	425	440	138	
175	388	42	60	450	448	155	
200	400	49	65	475	448	160	
225	400	58	77	500	460	174	
250	420	67	83	550	460	200	
275	420	74	92	600	480	234	
300	420	85	106	650	480	260	

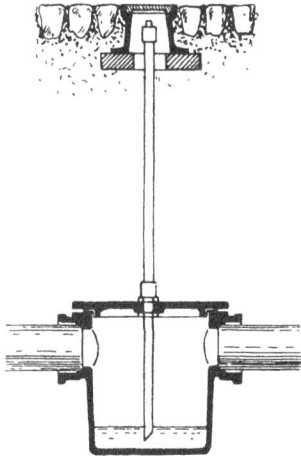

Fig. 24.

Tabelle 20.

Wassertöpfe

nach Angabe der
Friedr. Wilhelmshutte, Mülheim-R.

d	D	H	Gewicht kg
75—90	250	375	72—75
100	300	400	105
125—150	300	450	114—120
175—225	350	550	170—180
250—300	500	700	320—330
325—400	550	800	420—440
425—475	600	900	560—580
500	700	1000	750

gesehen. Fig. 24 stellt die normale Ausführung von Wassertöpfen dar. Die in Tabelle 20 angegebenen Abmessungen
entsprechen außerordentlich gut den praktischen Bedürfnissen.
Die Abgänge der Wassertöpfe werden möglichst weit nach oben
angebracht, damit genügend Raum geschaffen wird, in dem

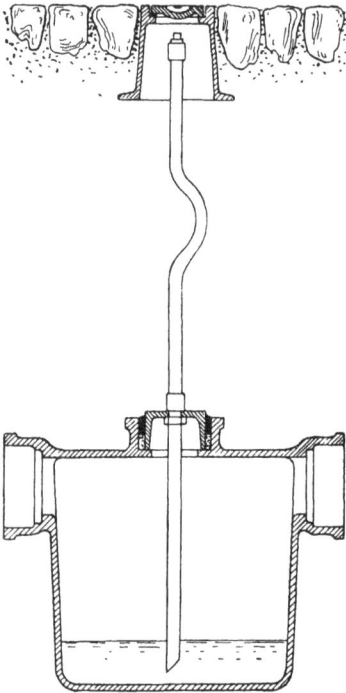

Fig. 25.

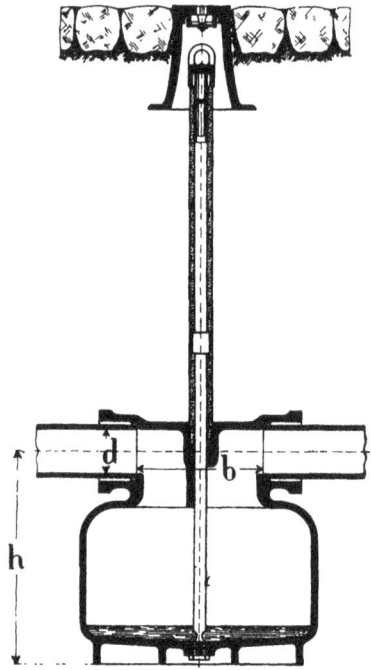

Fig. 26.

sich die Kondensate ansammeln können. Auf dem Deckel
des Topfes wird ein Rohr, das sog. Auspumprohr, angebracht,
das fast bis zur Flur reicht und innerhalb des Topfes 25 bis
30 mm oberhalb des Bodens endet. Oben wird das Rohr durch
einen Stopfen verschlossen. Hat sich nach einer gewissen
Zeit genügend Kondensat in dem Topf angesammelt, so wird
auf dem Rohr eine kleine Handpumpe (Siphonpumpe) aufgeschraubt und das Kondensat ausgepumpt.

Die normale Ausführung von Wassertöpfen hat sehr
oft zu Undichtigkeiten Anlaß gegeben, und zwar veranlaßt
durch den aufgeschraubten Deckel und auch durch das in
den Topf eingeführte Pumprohr. Es ist oft vorgekommen,
daß durch das oftmalige Aufschrauben der Siphonpumpe
sich das Auspumprohr lockerte und sogar sich vollkommen
herausgedreht hat. Diese Übelstände sind durch Neu-
konstruktionen mehr oder weniger beseitigt worden.

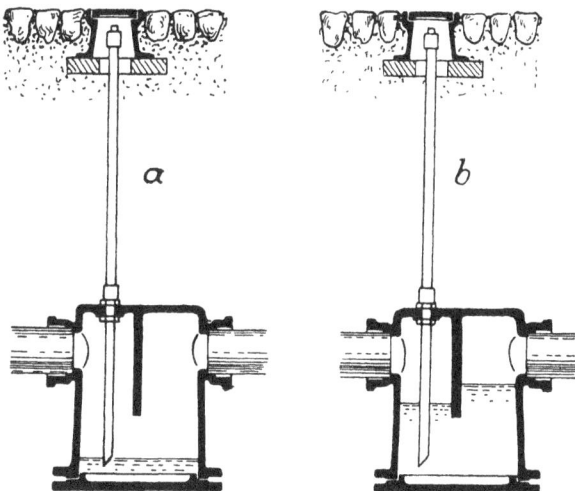

Fig. 27.

Die Fig. 25 zeigt den aus einem Stück gegossenen
Wassertopf »Johmak« der Johannesfelder . Maschinenfabrik,
Erfurt. Der aufgeschraubte Deckel ist hier vermieden worden. Das Pumprohr ist zwar in üblicher Weise an dem
mit Strick und Blei in dem Topf gedichteten Gußstopfen
angebracht, doch verhindert das gekröpfte Auspumprohr
ein Lockern bzw. Losschrauben beim Auf- und Losschrauben der Siphonpumpe.

Dieselben Verbesserungen sieht auch der Wassertopf
»Bamag« der Berlin-Anhaltischen Maschinenfabrik, Berlin,
vor. Der Topf ist ebenfalls aus einem Stück gegossen. Bei
dieser Konstruktion (Fig. 26) wird das Auspumprohr direkt

oben mit Strick und Blei eingedichtet und außerdem ist dasselbe in sinnreicher Weise gegen das Herausdrehen gesichert.
Gegen Rosten ist das Pumprohr durch einen Zementüberzug
geschützt. Der Verschluß des Aus-
pumprohres erfolgt hier nicht durch
einen eingeschraubten Stopfen, sondern durch einen auf einen Bolzen
aufgebrachten Gummiring, nach
Art der Muffendichtungen mit
Gummiringen.

Eine andere Konstruktion von
Wassertöpfen sind diejenigen mit
Scheidewänden. Diese haben außer
den vorbeschriebenen noch andere
Zwecke zu erfüllen. Einmal dienen
sie als Ersatz für Schieber, um die
Leitungen strecken oder bezirksweise außer Betrieb setzen zu
können. Anderseits dienen sie

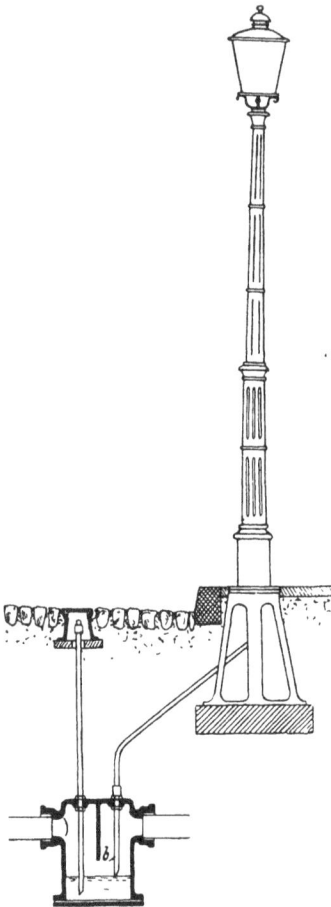

Fig. 28.

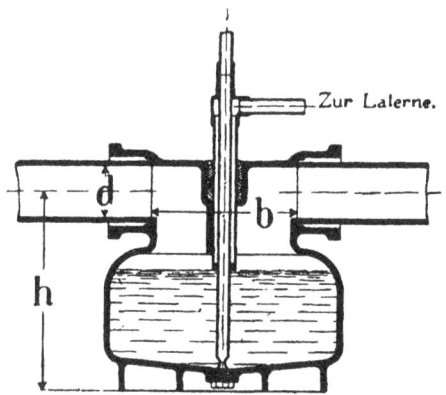

Fig. 29.

zur Aufsuchung von Undichtigkeiten im Rohrnetz, worauf
an einer anderen Stelle eingegangen werden soll.

Zum Zweck des ersten Falles werden die betreffenden
Wassertöpfe vermittelst des Auspumprohres mit Wasser

aufgefüllt (Fig. 27b), bis die Scheidewand so weit unter Wasser steht, daß kein Gas mehr unterhalb derselben nach der außer Betrieb zu setzenden Seite durchtreten kann. Unangenehme Fälle können bei den Wassertöpfen mit Scheidewänden eintreten, wenn das rechtzeitige Auspumpen der Kondensate versäumt wird, da dann die Gaszufuhr unfreiwillig abgesperrt wird. Um diese unerwünschten Absperrungen zu vermeiden, baut man in den Topf eine Signalvorrichtung ein (Fig. 28). Zu diesem Zwecke wird der Wassertopf mit einem zweiten Rohr versehen, welches unten abgeschrägt ist, an welcher eine Straßenlaterne angeschlossen wird. Dieses Rohr ragt so weit in den Topf hinein, als das Kondensat in demselben hochsteigen darf. Hat das Wasser seinen höchst zulässigen Stand erreicht, so wird die Lampe außer Takt gesetzt, und es wird damit auf das notwendig werdende Auspumpen des Topfes aufmerksam gemacht. Durch das Abschrägen des Rohres b will man erreichen, daß die Straßenlaterne nicht plötzlich erlöscht, sondern daß man schon an der zu geringen Gaszufuhr die Notwendigkeit des Auspumpens erkennt.

Der Wassertopf der Bamag (Fig. 29) weist die gleichen Vorzüge auf als der in Fig. 26 dargestellte Wassertopf.

Es empfiehlt sich auf jeden Fall, diese Art von Wassertöpfen als Ersatz von Schiebern in den Rohrnetzen in zweckentsprechender Weise anzuordnen, und zwar in der Art, daß man in den Stand gesetzt wird, die Leitungen streckenoder bezirksweise außer Betrieb setzen zu können. Besonders auch dort, wo viel mit Undichtigkeiten zu rechnen ist, z. B. in bergbaulichen Gegenden ist die Anwendung dieser Absperrtöpfe sehr am Platze.

Bei Verwendung von schmiedeeisernen Rohren verwendet man schmiedeeiserne oder gußeiserne Formstücke mit beiderseitigen Muffen (siehe »D. R. st. W.«, Seite 186), wenn nicht Rohre mit äußerem Durchmesser der gußeisernen Rohre verwandt werden.

S c h i e b e r werden bei Niederdruckleitungen weniger, bei Hochdruckleitungen nur verwandt, da für diese hohen Druckverhältnisse die Wassertöpfe mit Scheidewand riesige Dimensionen annehmen würden.

b) Vorarbeiten.

Mit der Projektbearbeitung einer Leitungsstrecke muß die Feststellung der auftretenden Gasdrucke Hand in Hand gehen, da es vorkommen kann, daß sich gewisse Stadtteilen mit dem festgesetzten Anfangsdruck nicht versorgen lassen. Zwecks Untersuchung dieser Verhältnisse zeichnet man den Höhenplan der Rohrtrasse auf, konstruiert die reziprok-reduzierte Geländekurve und nach Auftragung der Drucke p_a und p_e zieht man die Druckgefällslinie. Schneidet die Drucklinie die reziprokreduzierte Geländekurve, so ist damit der Beweis erbracht, daß eine Versorgung des Stadtteiles hinter dem Schnittpunkt unter diesen Verhältnissen nicht möglich ist. In solchen Fällen muß entweder der Anfangsdruck erhöht oder eine andere Rohrtrasse gewählt werden. Eine andere Möglichkeit wäre, die Drucklinie zu brechen, wie dies in Fig. 5 gezeigt wurde.

Bei der Berechnung von Stadtrohrnetzen studiert man zuerst den Stadtplan auf eine günstige Einteilung der Versorgungszonen hin. Die Ermittlung der Rohrbelastungen und der Rohrdurchmesser erfolgt nach der im III. Abschnitt angegebenen Weise. Aus den Höhenkoten der Straßenkreuzungen läßt sich schon zum größten Teil auf die zweckmäßige Anordnung der Wassertöpfe schließen.

Für die Projektbearbeitung von Gasrohrnetzen ist ein Stadtplan im Maßstabe 1 : 10 000 sehr geeignet.

Steht man vor der Aufgabe, eine Gasrohrleitung zu verlegen, so besichtigt man vorher die betreffende Strecke, um sich über die Art der Verlegung in bezug auf das Gefälle schlüssig zu werden und an welcher Stelle in der Leitung Wassertöpfe einzubauen sind. Ist die Rohrverlegung von größerem Umfange, so ist es zweckmäßig, vorher Höhenpläne der Leitungstrassen herzustellen. Mit Hilfe dieser Pläne läßt sich am besten über die Gefällsverlegung und über die Anordnung der Wassertöpfe urteilen. Am vorteilhaftesten ist es in den meisten Fällen, die Siphons möglichst an den Straßenkreuzungen vorzusehen, da man an diesen Punkten oft mit Leitungskreuzungen zu rechnen hat und daher sowieso gezwungen ist, an diesen Stellen tiefer zu gehen, oder man nimmt an diesen Stellen die Höchstpunkte der Leitung und geht über die vorhandenen Leitungen hinweg.

Unerläßlich für den Bau von Gasrohrleitungen sind ausführliche Zeichnungen, aus denen die Ausführung der Leitung zu ersehen ist. Die Zeichnungen werden zweckmäßig in der Weise hergestellt, wie es auf Tafel 7 und 8, D. R. st. W., geschehen ist. In einer Stückliste sind sämtliche Formstücke, Zubehörteile und Rohrlängen aufzuführen. Weitere Angaben hierüber siehe in dem Werk »D. R. st. W.«, Seite 209 bis 210.

Die Berechnung der Rohrleitungen erfolgt nach den Abschnitten 1 bis 4. Hierfür ist ein Plan mit einge tragenen Höhenkoten an den Straßenkreuzungen unerläßlich.

Die Ausschreibung und Vergebung von Rohrverlegungsarbeiten ist in dem Werk »D. R. st. W.« eingehend besprochen worden. Die dort angeführten Ausschreibungsbedingungen sind zum größten Teil auch für Gasrohrnetze anwendbar und bedürfen diese nur weniger Umänderungen. Es erübrigt sich daher nochmals, diese Bedingungen hier aufzuführen.

c) Rohrverlegungsarbeiten.

Im allgemeinen weichen die Rohrverlegungsarbeiten von Gasrohrleitungen, von solchen der Wasserrohrleitungen

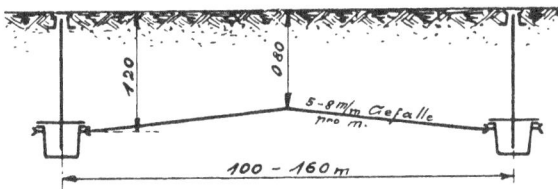

Fig. 30.

nur verschwindend wenig ab. Aus diesem Grunde soll daher auf die allgemeinen Einzelheiten nicht eingegangen werden. Dieselben sind in dem Werk »D. R. st. W.« umfassend behandelt worden. Es sollen nur die Punkte in Erwähnung gezogen werden, die bei Gasrohrleitungen besonders zu beachten sind.

Man vermeide nach Möglichkeit, Gasrohre auf dieselbe Straßenseite in geringer Entfernung oder gar in einem Graben mit dem Wasserrohr zu verlegen. Die Deckung nehme man im Mittel an den tiefsten Stellen 1,20 m und an den hochge-

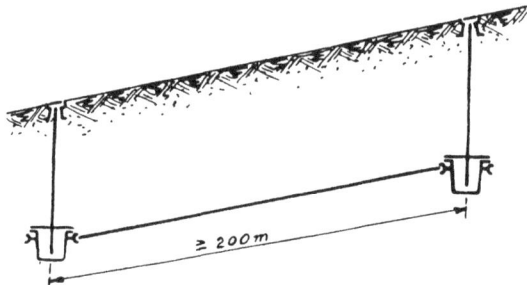

Fig. 31.

legenen Punkten 0,80 m. Die Leitungen werden mit einem Gefälle von 5 bis 8 mm auf 1 m verlegt. Ist die Leitungstrasse vollkommen horizontal, so erfolgt die Verlegung der Leitung gemäß der Fig. 30, es müßte also auf 100 bis 160 m ein Wassertopf vorgesehen werden.

Hat die Straße genügendes Gefälle (Fig. 31), so wird man die Wassertöpfe 150 bis 200 m voneinander entfernt

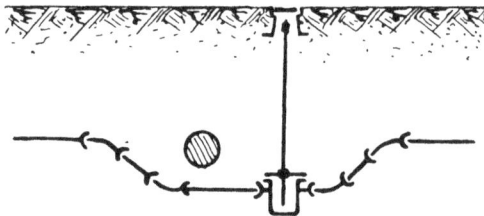

Fig. 32.

in die Leitung einbauen. Die Sohle des Grabens richtet man sich mit dem Nivellierinstrument, der Kanalwage oder mittels Visierscheiben ein.

Bei Rohrkreuzungen, die sich nur mittels Krümmer, nach Art der Fig. 32, vornehmen lassen, ist auf jeden Fall an der tiefsten Stelle ein Wassertopf vorzusehen, da sonst die sich in der Schleife ansammelnden Kondensate den Gas-

durchgang absperren. Will man sich vor Unannehmlich-
keiten schützen, so achte man genau auf die Verlegung der
Leitung nach dem Gefälle.

d) Druckprobe.

Zu einem ordnungsgemäßen Betrieb gehört es, verlegte Leitungen auf ihre Dichtigkeit hin zu prüfen. Die
fertig verlegte Leitung wird zu diesem Zweck unter Luftdruck
gesetzt. Früher nahm man als genügend hohen Druck 250
bis 500 mm Wassersäule an. In neuerer Zeit ist man jedoch

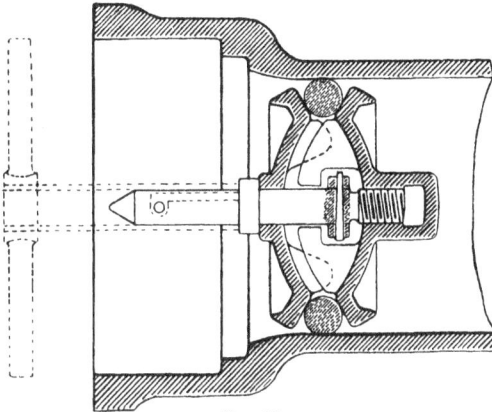

Fig. 33.

mit Recht davon abgegangen und setzt die Leitung unter
einen Druck von wenigstens 2500 mm Wassersäule ($^1/_4$ Atm.),
welchen Druck sie auf jeden Fall halten muß. Man nimmt den
Probedruck bei Hochdruckleitungen bis zum Doppelten des zu
erwartenden höchsten Betriebsdruckes. Die Luft wird mittels
einer Luftpumpe oder, bei großen Strecken, mittels fahrbarem,
durch einen Benzinmotor angetriebenen Kompressor aufge-
pumpt. Vor der Druckprobe sind jedoch alle Abzweige
provisorisch durch Stopfen, Kappen, Flanschen usw. zu ver-
schließen. Es gibt auch hierfür besondere Apparate. Die
Fig. 33 zeigt eine Abschlußvorrichtung der Berlin-Anhaltischen
Maschinenfabrik, Berlin. Für kleinere Rohrdurchmesser mag
sie sicher ihren Zweck erfüllen, ob sie aber für große Rohre

den an Sie zu stellenden Ansprüchen genügt, dürfte dahingestellt sein.

Kurz hinter dem Anschluß an das Rohr wird ein Absperrorgan vorgesehen, welches nach erreichter Druckhöhe abgesperrt wird, damit keine Luft rückwärts durch die Pumpe austreten kann. Die Druckhöhe wird zweckmäßig mittels Wasser- oder Quecksilbermanometer gemessen. Eine gewöhnliche Gasleitung muß so dicht sein, daß eine Wassersäule von 2500 mm nicht zurückgeht. Bei Vornahme von Druckproben zwischen zwei Schiebern ist Vorsicht geboten, da Schieber für Luftdruck nur selten dicht schließen. Bei Dichtigkeitsproben mit höherem Druck sind die Rohre gegen Auseinandertreiben zu sichern.

Hält die Leitung dem bereits angegebenen Druck nicht stand, so sind die Muffen der Reihe nach zu prüfen. Zu diesem Zweck bestreicht man die Muffen mit Seifenbrühe und beobachtet, ob sich Seifenblasen bilden, was auf Undichtigkeit schließen läßt. Die undichten Muffen sind dann mittels Bleiwolle nachzustemmen.

e) Besondere Fälle von Rohrverlegungsarbeiten.

Es dürfte sich erübrigen, hier auf alle vorkommenden Fälle von Rohrverlegungsarbeiten einzugehen, da alle Spezialfälle in dem Werk »D. R. st. W.« eingehend besprochen sind.

D ü k e r.

Die Verlegungsweise von Gasdükern geschieht in der gleichen Art wie die der Wasserleitungsdüker. (Siehe D. R. st. W., S. 289.) Die Leitung ist nach der einen oder anderen Seite, je wie es die vorliegenden Verhältnisse am praktischsten zulassen, mit Gefälle von 6 bis 8 mm auf einen laufenden m zu verlegen (siehe Tafel 5). An beiden Ufern sind Wassertöpfe vorzusehen, in denen sich die Kondensate ansammeln können, die je nach Bedarf auszupumpen sind. Man kann die Fallrohre zu den Wassertöpfen entweder nach Ausführung *a* oder *b* der Tafel 5 anlegen. Die Uferverhältnisse sind hierfür bestimmend.

Straßenanschlüsse.

Der Anschluß neu verlegter Leitungen an bereits verlegte Rohrstränge erfolgt durch den Einbau eines B-Stückes unter Anwendung eines U-Stückes.   (Siehe »D. R. st. W.«, Seite 281.)

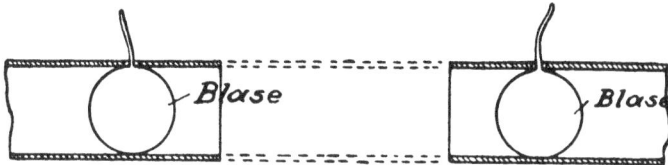

Fig. 34.

Um solche Arbeiten vornehmen zu können ist es unbedingt nötig, daß die Rohrstrecke, in der das Abzweigstück eingebaut werden soll, außer Betrieb gesetzt wird.   Sind Wasser-

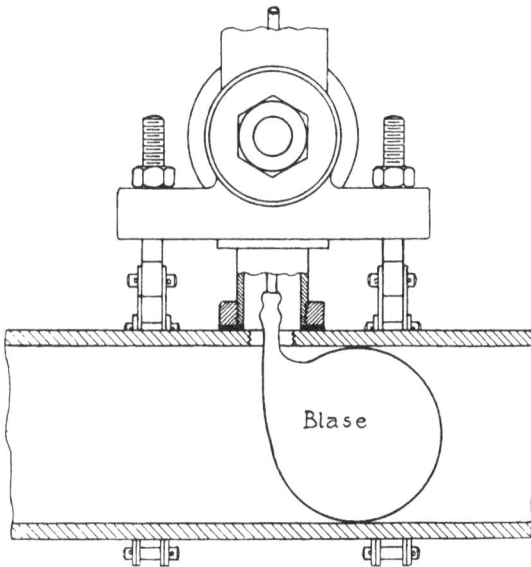

Fig. 35.

töpfe mit Scheidewand in der betreffenden Leitung eingebaut, so kann die Leitung durch Anfüllen derselben abgesperrt werden.   Ist dies nicht möglich oder soll die Absperrung

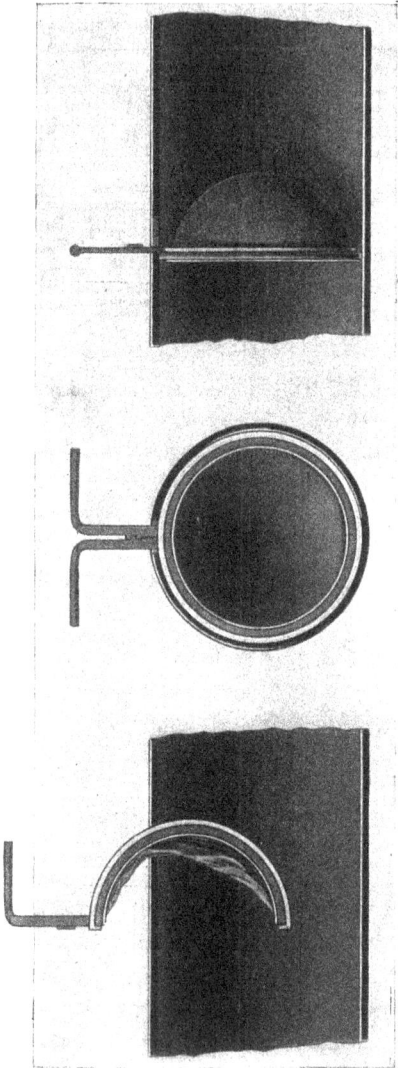

Fig. 36.

einer größeren Rohrstrecke vermieden werden, so wird kurz vor den beiden Stellen, an der die Leitung getrennt werden soll, die Leitung durch Gummiblasen oder sonst geeignete Absperrvorrichtungen geschlossen. Das provisorische Absperren der Leitung geschieht folgendermaßen: In etwa 0,5 bis 1 m Entfernung von der Trennungsstelle des Rohres wird beiderseits ein Loch gebohrt in der Größe, daß die Gummiblase oder sonst verwandte Absperrvorrichtung in das Rohr eingefuhrt werden kann. Nachdem die Blase eingebracht ist, wird sie mittels Luftpumpe aufgeblasen, bis sie prall an den Wandungen des Rohres anliegt. Hat man auf beiden Seiten die Gummiblase eingesetzt, so bohrt man vorsichtshalber zwischen den beiden Blasen ein Loch, um die Dichtigkeit und genugendes Festsitzen der Blasen zu prufen. Bleiben die Blasen bei durchbohrtem Loch fest sitzen, so kann man mit dem Aushauen des Rohrstückes beginnen. Hierbei ist darauf zu achten, daß durch das Schlagen mit dem Hammer oder sonstigerweise keine Funken entstehen, damit nicht etwa aus-

strömendes Gas zur Entzündung gebracht wird. Sollte durch
irgendeinen Zufall eine Zündung des Gases eintreten, so er-
stickt man die Flamme durch Aufwerfen von Erdreich. Ist
der Anschluß betriebsfertig hergestellt, so werden die Gummiblasen nach Ablassen der Luft entfernt und die Löcher werden durch einen Gewindestopfen oder eine Schelle verschlossen.

Die Anbohrung und Einführung der Gummiblasen geschieht im allgemeinen ohne Zuhilfenahme einer Apparatur.

Die Berlin-Anhaltische Maschinenfabrik, Berlin, bringt
eine Vorrichtung in den Handel, die nach Art der Anbohrapparate die Einführung der Gummiblasen ohne jeden Gasverlust gestattet (siehe Fig. 35). Zwecks Einführung der
Blasen befinden sich diese vorerst in einem Rohr.

Die in Fig. 36 dargestellte Absperrvorrichtung fertigt
die Bamag, Köln-Bayenthal, an. Diese Vorrichtung empfiehlt sich jedoch erst von 200 mm Durchmesser an. Für
kleinere Rohrdurchmesser sind Gummiblasen zweckmäßiger.

f) Hochdruckleitungen.

Rohrmaterial.

Für Ferndruckleitungen werden fast ausschließlich normale guß- oder schmiedeeiserne Muffenrohre und Formstücke verwandt. Die letztere Rohrart ist jedoch meistens
in Gebrauch. Es kann nur empfohlen werden, Rohre gleicher
Länge zu verwenden. Auch wähle man zur Verminderung
der Dichtungen möglichst lange Rohre (10 bis 12 m). Zur
Abnahmeprüfung der Rohrmaterialien schreibe man als
Probedruck Luftdruck von 1½- bis 2 facher Spannung des
höchsten zu erwartenden Betriebsdruckes vor.

Dichtung der Muffen.

Die Dichtung der Muffen erfolgt in üblicher Weise mit
Teerstrick und Blei; als obersten Strick nimmt man zweckmäßig Weißstrick, damit der Strick fester in die Muffen
eingetrieben werden kann, denn bekanntlich läßt sich Teerstrick nicht so fest stricken wie Weißstrick. Die beste Dichtung
für Hochdruck ist die Herstellung des Bleiringes zur ersten

Hälfte aus Bleiwolle und zur letzten Hälfte aus Gußblei.
Durch das vorherige Verstemmen der Muffen mit Bleiwolle
wird der Strick außerordentlich fest in die Muffen eingetrieben.
Der dann aufzugießende und zu verstemmende Bleiring dient
lediglich noch zur weiteren Dichtung und besonders als homo-
gener Abschluß nach außen.

Im rheinisch-westfälischen Industriebezirk begnügt man
sich nicht allein mit der Bleidichtung, sondern legt außerdem
vor der verstemmten Muffe noch einen Gummiring a (Fig. 37),
welcher mittels zweier losen Flanschen b_1 und b_2 und der
Schrauben c fest vor dem Bleiring, der Muffe und dem Schwanz-

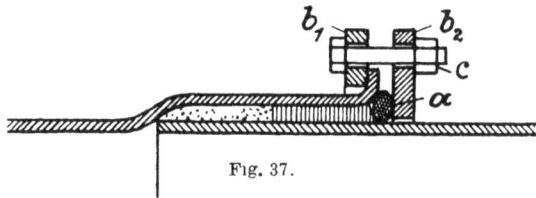

Fig. 37.

ende des Rohres gepreßt wird. Der Gummiring wird erst
nach erfolgter Dichtigkeitsprüfung in die gezeichnete Lage
gebracht und fest angezogen.

Armaturen.

Auch hier werden an den tiefsten Punkten und in
entsprechend großen Entfernungen Wassertöpfe, wie sie in
Fig. 24 bis 26 dargestellt sind, eingebaut. Ist der Betriebs-
druck so hoch, daß dieser für die Entleerung der Wassertöpfe
genügt, so ist das Entleerungsrohr (siehe Fig. 38) des Wassertopfes durch einen Hahn a verschlossen zu halten. Die Entleerung der Töpfe geschieht in diesem Falle, wie folgt: Man
schraubt zuerst auf den Hahn a das Auslaufrohr b, welches mit
dem Hahn c ausgerüstet und vorerst geschlossen ist. Ist dies
geschehen, so öffnet man den Hahn a und darauf den Hahn c,
worauf das Kondensat ausfließt. Strömt aus dem Auslaufrohr
Gas aus, so ist der Wassertopf entleert und der Hahn c wird
geschlossen. Danach kann der Hahn a geschlossen und das
Ablaufrohr abgeschraubt werden. Der Sicherheit halber
schraube man in den Hahn a einen Stopfen. Besser als wie in

Fig. 38 angegeben, ist ein senkrecht stehender Hahn a. Gegen Durchrosten schütze man das Entleerungsrohr, indem man dasselbe mit einem zweiten Rohr d umgibt, und den Zwischenraum mit Zementmörtel 1 : 2,5 bis 1 : 3 ausgießt.

Als Absperrorgane können bei Hochdruckleitungen in Anbetracht des hohen Druckes keine Wassertöpfe mit Scheidewand verwandt werden, sondern ist nur die Anwendung von Schiebern möglich. Hierfür benutze man keine Gasschieber, sondern die normalen ovalen Wasserschieber. Die Standorte sind durch auf-

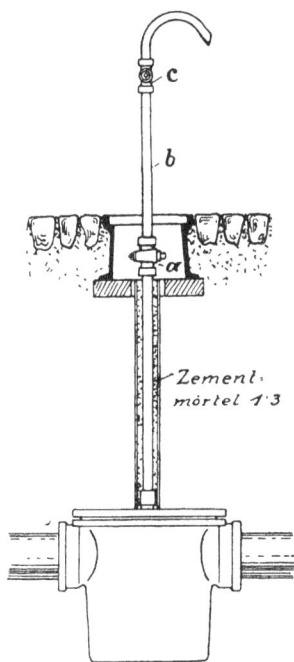

Fig. 38.

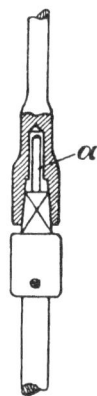

Fig. 39.

fallende Schilder als Gasschieber kenntlich zu machen. Außerdem sind die Schieber so einzurichten, daß diese mit den normalen Schieberschlüsseln für Wasserschieber nicht bedient werden können. Dies erreicht man in der einfachen Weise, indem man gemäß Fig. 39 auf der Vierkantnuß einen Dorn a anbringt und in den Schlüsselschaft ein passendes Loch einbohrt. Die Schieber dienen sowohl zum streckenweisen Absperren, wie auch zum Prüfen der Leitung, daher sind in Entfernungen von etwa 1000 m solche anzuordnen.

Zwecks Prüfungsmöglichkeit sind vor und hinter dem Schieber Prüfrohre a_1 und a_2 vorzusehen (Fig. 40). Jedes Prüfrohr ist durch einen Hahn und dieser durch einen Stopfen verschlossen zu halten. Die Rohre sind durch Bejuten und Asphaltieren gegen Rost zu schützen. Die Prüfung erfolgt in gleicher Weise wie auf Seite 132 beschrieben wurde.

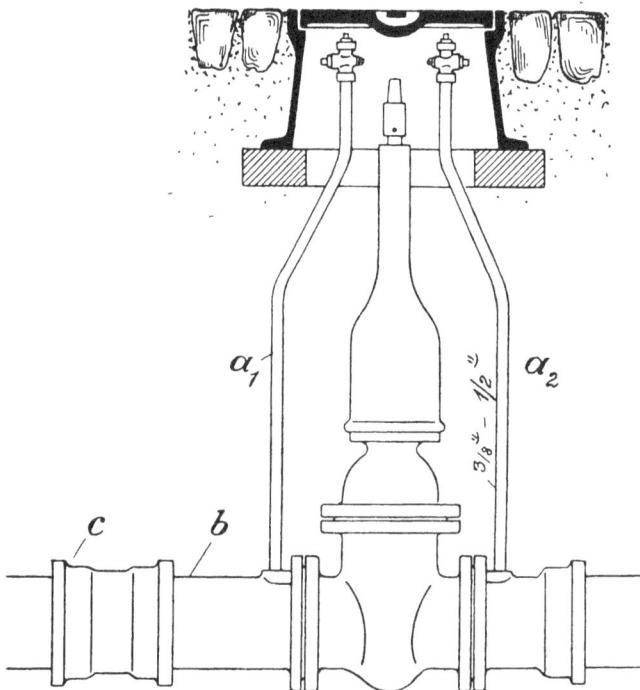

Fig. 40.

Verlegung der Rohre.

Die Verlegung geschieht allgemein genau wie jede andere Gasrohrleitung. Es ist jedoch viel Wert auf gute Herstellung der Muffen zu legen, da man sonst mit hohen Gasverlusten zu rechnen hat und noch andere Nebenerscheinungen auftreten können. Es ist vorgekommen, daß die austretenden Gase ganze Baumanpflanzungen vernichtet haben. Die vorbeschriebene Dichtungsart: Strick, Bleiwolle

und Gußblei kann nur empfohlen werden. Es dürfte selbstverständlich sein, daß bei der Rohrverlegung auf genügendes
Gefälle zu achten ist. Bei schmiedeeisernen Röhren achte man
darauf, daß die Schwanzenden und Muffen, sowie alle etwa
beschädigten Stellen der Bejutung, vor bzw. nach der Verlegung, gut bejutet und asphaltiert werden, was leider, wie ich
schon oft beobachtet habe, in mangelhafter Weise ausgeführt
wird. Trifft man bei der Verlegung auf Asche, Schlacken usw.,
so sind die Rohre in Lehm oder Sand einzubetten.

Die vorgesehenen Schieber baue man aus später angeführ-
ten Gründen vorerst bis auf das F-Stück b (Fig. 40) und den
Überschieber c ein. Krümmer sind durch Schellen oder
Betonhinterstampfungen gegen Austrieb zu sichern.

Dichtigkeitsprobe.

Die Dichtigkeitsprobe ist peinlich genau durchzuführen.
Als Probedruck gehe man nicht unter die 1½ fache Spannung
des höchsten zu erwartenden Betriebsdruckes. Den Luftdruck erzeugt man durch fahrbare, mit Benzinmotor ange-
triebene Kompressoren. Dadurch, daß man die Schieber
nur bis auf das F-Stück b (Fig. 40) und den Überschieber
einbaut, hat man sich die Möglichkeit gelassen, die Rohrstrecken zwischen den Schiebern einzeln prüfen zu können.
Die Leitung zwischen den geschlossenen Schiebern zu
prüfen, ist nicht empfehlenswert, da diese für Luft selten
dicht sind. Die eine Seite der Rohrstrecke wird durch eine
Kappe provisorisch verschlossen, hingegen die Schieberseite
durch einen Blindflansch abgeflanscht. Es ist gleichgültig,
an welcher Seite der Anschluß an den Kompressor hergestellt
wird. Der Schieber wird geöffnet, so daß nur die bei dem spä-
teren Einbau des F-Stückes herzustellenden Dichtungen
einer Prüfung nicht unterliegen. Bei dem vorgeschriebenen
Probedruck darf das Manometer nicht zurückgehen. Ist die
Prüfung beendet, so können die vorerst noch freigelassenen
Muffen auch zugefüllt werden.

Sonstiges.

In den meisten Fällen werden die Muffen mit Riech-
rohren ausgerüstet. Bei gewöhnlicher Muffendichtung werden

dieselben gemäß der Fig. 41 ausgeführt. Auf ein im Radius des äußeren Rohrdurchmessers gebogenes Winkeleisen *a* wird ein ½- oder ¾ zölliges Riechrohr *b* aufgeschraubt.

Ist die Dichtung gemäß der Fig. 37 ausgeführt, so erfolgt die Ausführung des Riechrohres nach Fig. 42. In diesem Falle wird ein Flacheisen im Radius der Flanschen gebogen. Damit sich beim Zuwerfen des Grabens die Vorrichtung

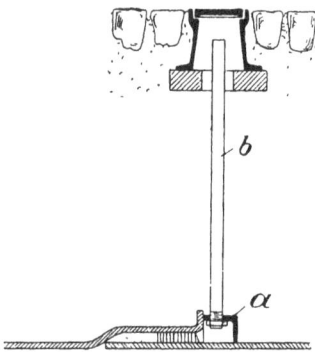

Fig. 41.

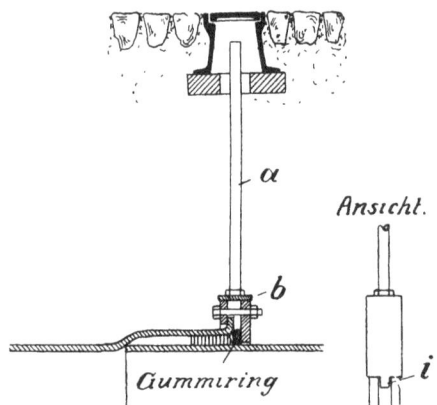

Fig. 42.

nicht verschiebt, werden an den Enden des Flacheisens die Lappen *i* angebogen, die sich zwischen die beiden Flanschen einschieben. Die Länge des Winkeleisens bzw. Flacheisens nimmt man etwa zu ¹⁄₃ des Umfanges des Rohres bzw. Flanschen an. Der Abschluß auf Flur erfolgt durch eine Straßenkappe. Damit Verwechslungen mit Wasserschieberkappen nicht eintreten, gibt man diesen Kappen eine hiervon abweichende Form.

Damit etwa austretendes Gas auch zum Riechrohr gelangt, ist es gut, wenn um die Muffen durchlässiges Material, wie grober Kies oder Kleinschlag, eingefüllt wird. Bei Vornahme von Prüfungen ist das Riechrohr vorerst mit einer eisernen Stange zu durchstoßen.

Sechster Abschnitt.

Die Hausanschlüsse.

a) Rohrmaterial.

Für die Hausanschlußleitungen werden fast ausschließlich schmiedeeiserne, asphaltierte und bejutete Rohre verwandt. Verzinkte und gußeiserne Rohre sind weniger in Anwendung gekommen. Die früher verwandten Bleirohre sind mit Recht heute ganz von der Verwendung ausgeschlossen worden. Bei schmiedeeisernen Rohren erfolgt die Verbindung der einzelnen Rohre durch Gewindemuffen. Dagegen bei gußeisernen Rohren durch die gewöhnliche Muffenform mit Dichtung von Strick und Blei. Natürlich wird man bei schmiedeeisernen Rohren von 60 mm an Muffenrohre wählen. Zwecks Dichtung der Gewindemuffen wird vor dem Zusammendrehen um die Gewindeenden etwas Hanf gewickelt und mit Mennige oder sonst geeignetem Material beschmiert.

Nach fertiger Verlegung sind die Muffen und Rohrenden der schmiedeeisernen Rohre sachgemäß zu bejuten und zu asphaltieren. Bei gußeisernen Röhren sind die Bleiringe zu asphaltieren.

b) Durchmesser der Zuleitungen.

Die lichte Weite der Anschlußleitungen richtet sich selbstverständlich nach der Zahl der anzuschließenden Flammen, bzw. nach dem Gasverbrauch. Im Kalender für Gas- und Wasserfach werden folgende lichte Weiten vorgeschlagen:

Tabelle 21.

1— 5 Flammen	$^3/_4''=19$	mm	61— 90	Flammen	$2''=50{,}8$	mm
6—15 »	$1''=25{,}4$	»	91—150	»	$2^1/_2''=63{,}5$	»
16—25 »	$1^1/_4''=31{,}8$	»	151—260	»	80	»
26—40 »	$1^1/_2''=38{,}1$	»	261—500	»	100	»
41—60 »	$1^3/_4''=44$	»				

Diese als feststehende Normen zu betrachten, dürfte
weniger zu empfehlen sein.   Man berücksichtige für die Wahl
des Rohres die jeweiligen Verhältnisse, es ist· daher zweckmäßiger, den Rohrdurchmesser von Fall zu Fall rechnerisch
zu ermitteln.   Nach Gleichung (7) ist bei einem spezifischen
Gewicht von 0,42

$$d = 0{,}964 \sqrt[5]{\frac{Q^2 \cdot h}{l}} \qquad \ldots \text{(55)}.$$

Den Druckverlust in der Zuleitung bemißt man derartig,
daß hinter den Gasmessern ein Druck von 30 bis 40 mm
vorhanden ist.   Es wäre unwirtschaftlich, wenn man an den-
jenigen Straßen mit hohem Gasdruck bei gleicher Flammen-
zahl den gleichen Rohrdurchmesser wählen würde, als an
den Straßen, wo mit niederem Druck zu rechnen ist.   Man
kann für Q in Gleichung (6), $q \cdot n$ setzen, wenn q der Verbrauch pro Flamme in Stdcbm und n die Anzahl der Flammen
bedeutet.

Mithin ist

$$q \cdot n = k \sqrt{d^5 \cdot \varepsilon}.$$

Somit ist die Anzahl der Flammen, die ein Rohr bei
einem spezifischen Druckverlust ε leistet:

$$n = \frac{k}{q} \sqrt{d^5 \cdot \varepsilon} \qquad \text{. (56)}.$$

Bei der Annahme von 0,150 Stdcbm pro Flamme ist

$$n = 6{,}66\, k \sqrt{d^5 \cdot \varepsilon} \qquad \text{. (57)}.$$

Nach dieser Gleichung sind die Werte der folgenden Tabelle 21 berechnet, bei der Annahme von $k = 1{,}097$ für ein
spezifisches Gewicht von $s = 0{,}42$.

Bei der Wahl des Rohrdurchmessers ist selbstverständlich auf eine Erweiterungsmöglichkeit der Hausinstallation
Rücksicht zu nehmen.   Werden als Anschlußrohre gußeiserne
Rohre verwandt, so wähle man den lichten Rohrdurchmesser
nicht unter 40 mm.

Tabelle 22.

Druckverlust pro 1 lfdm	$^1/_2''$	$^5/_8''$	$^3/_4''$	$1''$	$1^1/_4''$	$1^1/_2''$	$1^3/_4''$	$2''$	60 mm	80 mm	100 mm
0,5000	9	17	26	52	93	146	215	300			
0,4000	8	15	23	47	83	131	194	279			
0,2000	6	10	16	32	59	92	136	190			
0,1000	4	7	11	23	42	65	96	134			
0,0750	4	6	10	20	36	58	83	116	178	362	
0,0500	3	5	8	16	29	48	68	95	144	295	516
0,0400	2	4	7	14	26	41	62	85	129	265	463
0,0350	2	4	7	14	24	39	56	80	121	248	433
0,0300	2	4	6	13	23	35	52	73	112	229	400
0,0250	2	3	6	11	21	32	48	67	102	209	365
0,0225	2	3	5	11	19	31	45	64	91	199	347
0,0200	2	3	5	10	18	29	43	60	91	187	327
0,0175	2	3	5	10	17	27	40	56	85	175	306
0,0150	1	3	4	9	16	25	37	52	79	162	283

Aus obiger Tabelle ist ersichtlich, daß die in Tabelle 21 angegebenen Flammenzahlen einen Druckverlust pro lfd. m von 0,04 bis 0,015 mm entsprechen. Diese geringen Druckverluste sind notwendig, da ein Stadtdruck von 40 mm schon hoch ist. Rechnet man für den Durchgangsverlust des Gasmessers 5 mm, so verbleibt nur noch ein Druck von 35 mm hinter dem Gasmesser. Da nun ein Hängelicht einen Druck von 35 mm erfordert, so sieht man, daß man im allgemeinen in die Hausanschlußleitung wenig Druckverlust legen kann.

c) Anschluß an die Straßenleitung.

Die älteste und nicht mehr viel im Gebrauch befindliche Art der Herstellung des Anschlusses an die Straßenleitung stellt Fig. 43 dar. Es wird also die Anschlußleitung direkt in die Rohrwandung eingeschraubt. Diese Ausführungsweise ist aus folgenden Gründen wenig empfehlenswert. Die Rohrwandstärke gibt bei kleineren Rohrdurchmessern nicht die nötige Anzahl Gewindegänge, die für eine einwandfreie und dauernde Dichtung erforderlich sind. Stößt man bei der Anbohrung auf Gußblasen, so ist eine Dichtung überhaupt nicht oder nur mit Schwierigkeiten möglich. Außerdem werden kleinere Rohre durch die große Anbohrung an dieser Stelle

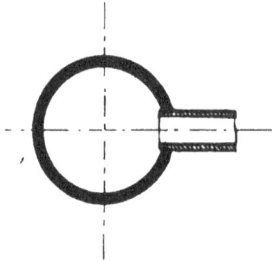

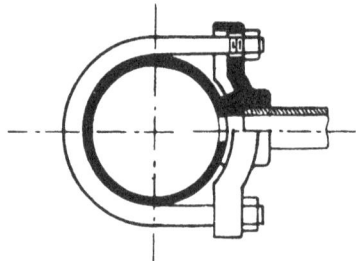

Fig. 43.   Fig. 44.

sehr geschwächt. Die Anschlußarbeit geschieht immer unter Druck.

Die einwandfreieste Herstellung der Anschlüsse geschieht unter Anwendung von Rohrschellen. Es gibt verschiedene Arten von Anbohrschellen, die wiederum auch von der Art des verwendeten Anschlußrohres ab-
hängen.

Für schmiedeeiserne Rohre mit Gewinde sind die in Fig. 44, 45, 46 und 47 dargestellten Anbohrschellen in Gebrauch.

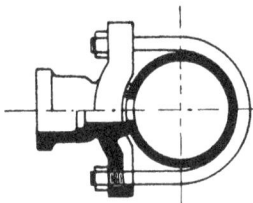

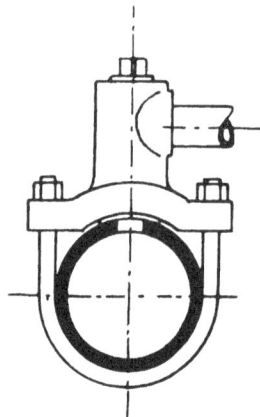

Fig. 45.   Fig. 46.

Bei Fig. 44 wird das Rohr vermittelst Gewinde in die Schelle eingeschraubt, hingegen nach Fig. 45 das Rohr mittels Strick und Blei in die Muffe eingedichtet wird. Diese beiden Konstruktionen haben den Nachteil, daß die Anbohrung vor Fertig-

stellung des Anschlusses hergestellt werden muß, so daß eine
Prüfung der Anschlußleitung nicht möglich ist.

Bei den in Fig. 46 und 47 dargestellten Konstruktionen
werden die Anschlußrohre ebenfalls eingeschraubt, können
jedoch auch mit Muffen bezogen werden. Diese beiden Aus-
führungen haben den Vorteil, daß man den Anschluß fertig
herstellen kann, ohne daß vorher die Anbohrung des Rohres
erfolgt ist. Es ist also bei dieser Konstruktion von Anbohrschellen die Möglichkeit gegeben, die fertiggestellte Anschlußleitung auf ihre Dichtigkeit hin zu prüfen. Erst wenn diese
die Dichtigkeitsprobe einwandfrei bestanden hat, wird die

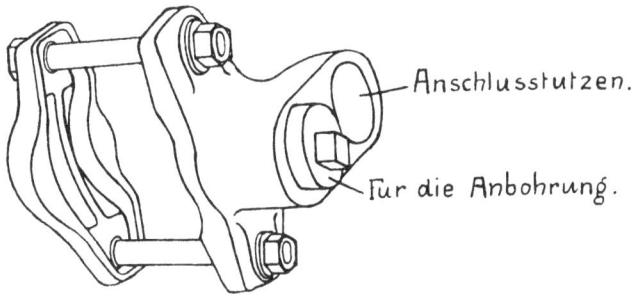

Fig. 47.

Anbohrung hergestellt. Die in Fig. 44 bis 46 abgebildeten
Konstruktionen können von fast jedem Armaturenwerk bezogen werden, während die in Fig. 47 dargestellte Anbohrschelle »Johmak« die Johannesfelder Maschinenfabrik, Erfurt,
herstellt.

Die Anbohrung der Straßenleitungen bei Anwendung
der Rohrschellen nach Fig. 44 bis 46 kann mittels der in
dem Werk »D. R. st. W.« beschriebenen Anbohrapparate erfolgen. Die Verwendung dieser Apparate schließt bei Herstellung der Hausanschlußleitungen jeden Gasverlust aus.

Die Dichtung der Anbohrschellen gegen das Rohr erfolgt am zweckmäßigsten durch 5 bis 7 mm starke Asbest-
scheiben, die wenigstens 2 Tage in Firnis oder Teer getränkt
und feucht zu verwenden sind. Vor dem Auflegen sind die-

selben mit dick eingerührter Mennige zu beschmieren. Gummidichtungen sind bei weitem nicht so empfehlenswert.

Nach dem Hause hin sind die Hausanschlußleitungen mit 5 bis 8 mm auf einen laufenden m steigend zu verlegen, damit etwa abscheidende Kondensate zum Hauptrohr zurückfließen können. Ist man durch irgendwelche Hindernisse gezwungen, Krümmungen in horizontaler Richtung vornehmen zu müssen, so ist an der tiefsten Stelle auf jeden Fall ein Wassertopf vorzusehen, da sonst die Gaszufuhr durch sich ansammelndes Wasser an der tiefsten Stelle abgesperrt wird.

Kurz nach der Einführung der Zuleitung im Gebäude ist ein Gashahn (Haupthahn) einzubauen. Zuweilen werden auch direkt hinter der Anbohrschelle Absperrungen vorgesehen. Hierfür eignet sich ein Hahn besser als die Ventilanbohrschellen.

Über die Herstellung der Erdarbeiten usw. ist in dem Werk »D. R. st. W.« alles Wissenswerte gesagt worden. Bei schmiedeeisernen Straßenrohren erfolgt die Dichtung zwischen dem Rohr und der Anbohrschelle durch eine weitere Gummischeibe (siehe Seite 306 bis 308, D. R. st. W.).

Siebenter Abschnitt.

Rohrnetzbetrieb.

Es sollen nur diejenigen Punkte in Erwägung gezogen werden, in welchen ein Gasrohrnetz von dem Wasserrohrnetz abweicht. Die allgemeinen Grundlagen sind in dem Werk »D. R. st. W.« eingehend behandelt worden und es wird daher hierauf verwiesen.

a) Aufsuchung von Undichtigkeiten.

Zu den laufenden Arbeiten gehört die Absuchung des Netzes auf Undichtigkeiten. Diese erfordern eine gewissen-

hafte Durchführung, da Gasgerüche nicht immer wahrzu-
nehmen und auch ·nicht immer dort zu suchen sind, wo die
Gasgerüche auftreten. Oft kommt es vor, daß das durch
Undichtigkeiten austretende
Gas durch Hohlräume im
Erdboden, durch Kanäle usw.
weitergeleitet wird, und an
anderen Stellen erst zutage
tritt.

Die allgemein übliche Art
der Aufsuchung von Undichtig-

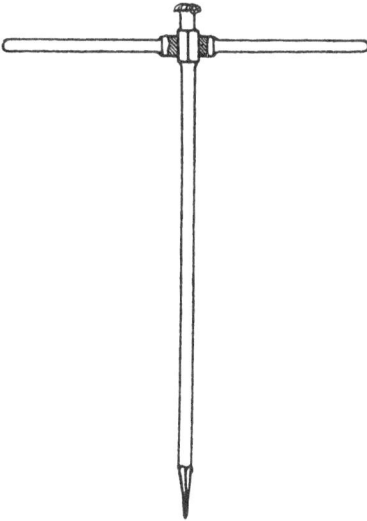

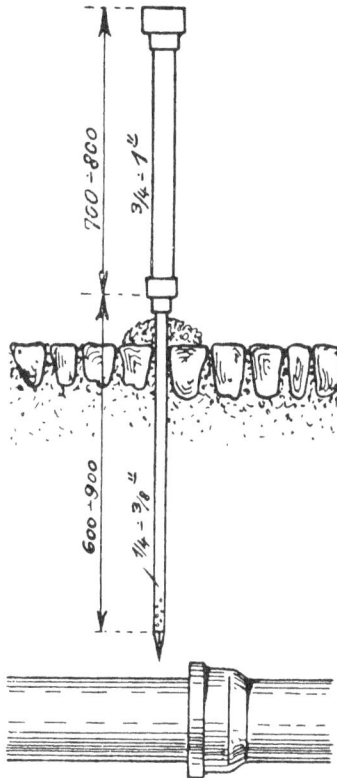

Fig. 48.   Fig. 49.

keiten besteht in dem Abbohren der Leitungen, das, wie folgt,
geschieht. Über oder unmittelbar neben der Leitung wird in
nicht zu großen Abständen (4 bis 8 m) am zweckmäßigsten
genau von Muffe zu Muffe, ein runder Keil von 20 bis 25 mm
Durchmesser bis kurz auf die Leitung eingetrieben. Dieser
Keil hat oben einen Vierkant (siehe Fig. 48) oder ein Loch,
damit vermittelst eines Schlüssels oder einer kürzeren Eisen-
stange, nach einigemalem Hin- und Herdrehen, der eingetrie-

bene Keil leicht wieder herausgezogen werden kann. In die
auf diese Weise geschaffenen Löcher werden Gasrohre eingebracht, nach Ausführung der nebenstehenden Fig. 49.
Auf Flur wird das Erdreich zwecks Abdichtung an das Rohr an-
gedrückt oder etwas Erdreich rund herum geworfen. In der
obersten Muffe wird ein mit Palladiumchlorür getränkter
Papierstreifen eingebracht und leicht mit Putzwolle verstopft,
damit etwa durchströmendes Gas etwas angestaut wird
und somit besser auf das Palladiumchlorür einwirkt. Dort,
wo Undichtigkeiten vorhanden sind, wird der getränkte
Papierstreifen graubraun bis schwarz, je nach der Menge des
durchströmenden Gases. Wo man auf Undichtigkeiten ge-
stoßen ist, sind die Muffen frei zu legen und auf ihre Undichtigkeit hin zu prüfen. Zu diesem Zweck bestreicht man die
Muffen mit Seifenbrühe, es werden sich hierbei dort Seifenblasen bilden, wo Gasausströmungen stattfinden. Die undichten Muffen sind unter Umständen mit Bleiwolle nachzustemmen.

Bequem ist es, wenn im oberen Teil des Gasrohres der
Fig. 49 ein Glasrohr a (gemäß der Fig. 50) von 5 bis 7 cm
Höhe angebracht wird. Der Deckel b mit ein oder zwei
Löchern hat unten einen Haken c, an dem der mit Palladium-
chlorür getränkte Papierstreifen d angehängt wird. Diese
Konstruktion hat das Angenehme, daß man, ohne den
Deckel zu öffnen, die Färbung des Papierstreifens beob-
achten kann.

Einen anderen Apparat, der in gleicher Art zur Aufsuchung von Undichtigkeiten dient, stellt die Firma Julius
Pintsch, A.-G., Berlin, her. Der Apparat (Fig. 51) wird in
gleicher Weise in die hergestellten Bohrungen eingesetzt und
der Zwischenraum zwischen Rohr und Bohrung, wie vor-
beschrieben, gedichtet. Mit der im oberen Teil befindlichen,
aus Gummi bestehenden Saugpumpe a wird bei Undichtigkeiten das Gemisch von Luft und Gas durch die in der Spitze
angebrachten Löcher b angesaugt und durch das angebrachte
Glasröhrchen c gedrückt. In dem Glasröhrchen wird ebenfalls
ein in Palladiumchlorür getränkter Papierstreifen aufge-
hängt, der sich je nach der Höhe des beigemischten Gases

verfärbt, woran man auf die Größe der Undichtigkeit schließen kann. Je näher man der Undichtigkeit ist, um so stärker färbt sich der Papierstreifen.

Sind die Undichtigkeiten von größerem Umfange, so lassen sich diese durch Entzünden des Gasgemisches feststellen, indem man das Gas durch den Schnittbrenner *d* drückt. Zu diesem Zweck wird das Hähnchen *e* geschlossen und *f* geöffnet. Der angebrachte Gummibeutel *g* dient als Druckregulator.

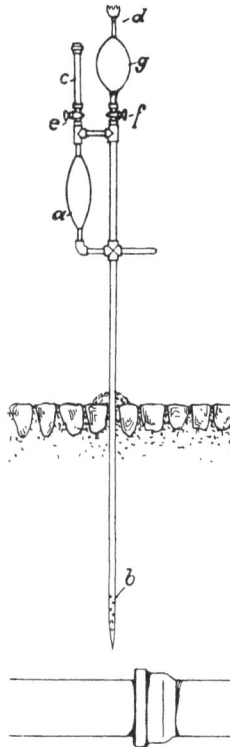

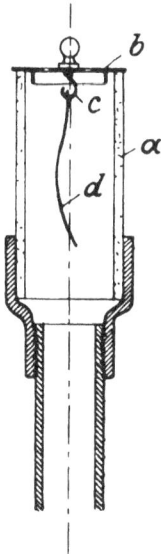

Fig. 50.   Fig. 51.

Ist das Rohrnetz systematisch mit Wassertöpfen mit Scheidewänden ausgerüstet, so lassen sich die einzelnen Rohrstränge ziemlich einfach auf Dichtigkeit prüfen. Der zu prüfende Leitungsstrang wird durch zwei Wasser- bzw. Absperrtöpfe außer Betrieb gesetzt, indem die Töpfe mit Wasser aufgefüllt werden. Alle Hausleitungen, die an der zu unter-

9*

suchenden Leitung angeschlossen sind, müssen abgesperrt
werden. Ist dies geschehen, so wird das nach dem abge-
sperrten Teil der Leitung gelegene Probierrohr des einen
Wassertopfes mit dem Ausgang eines Gasmessers und das
andere Probierrohr mit dem (Fig. 52) Eingang des Messers
verbunden, während die Probierrohre des anderen Topfes
geschlossen gehalten werden. Am Ein- und Ausgang des
Messers ist ein Abzweig für den Anschluß eines Manometers
vorzusehen. Ist in die abgesperrte Leitung soviel Gas über-
geströmt bis die Spiegel der beiden Manometer in gleicher

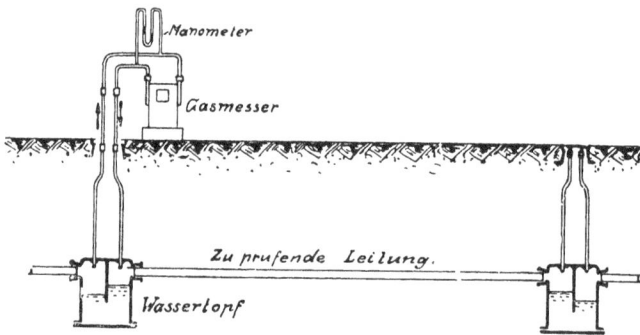

Fig. 52.

Höhe stehen, so ist die Leitung gefüllt. Zeigt der Gasmesser
nach dem eingetretenen Beharrungszustand noch weiteren
Durchfluß an, so ist die Leitung undicht. Durch den Gasmesser läßt sich also der Gasverlust in der Zeiteinheit oder
auf einen laufenden m bestimmen. Hat man Undichtigkeiten
in der Gasleitung festgestellt, die das zulässige Maß über-
schreiten, so werden die Muffen aufgeworfen und, wie bereits
beschrieben, untersucht. Diese Art Prüfung hat trotz seiner
Einfachheit nicht zu verkennende Nachteile. Bei Gasleitungen soll man nach Möglichkeit vermeiden, Hausleitungen
abzusperren. Es kann, wie schon oft vorgekommen, der
Fall eintreten, daß während die Leitung abgesperrt ist, ein
Hahn geöffnet wird ohne später geschlossen zu werden. Wird
die Hausleitung dann wieder in Betrieb genommen, so ent-
strömt dem geöffneten Hahn Gas, was zu den größten Un-

glücksfällen führen kann. Dort, wo Zündflammen vorhanden sind, ist eine Absperrung lästig und ebenfalls mit einer gewissen Gefahr verknüpft, wenn vergessen wird, die Zündflammen wieder anzuzünden. Aus genannten Gründen hat diese Methode weniger Eingang gefunden, trotzdem keine andere Methode dieser an Einfachheit, Zuverlässigkeit und Genauigkeit gleichkommt.

b) Untersuchung der Druckverhältnisse.

Eine andere laufende Arbeit ist die Untersuchung der Druckverhältnisse im Rohrnetz. Diese Messungen haben selbstverständlich nur dann Zweck, wenn dieselben während der Zeit der stärksten Belastung, also im Winter, und ganz besonders um die Weihnachtszeit, und zwar zwischen 5 und 8 Uhr abends, vorgenommen werden. Am zweckmäßigsten werden diese Messungen an den Laternen der Straßenkreuzungen vorgenommen. Zu diesem Zweck bringt man am besten vor der Laternengarnitur ein T-Stück an, in dem ein Schlauchhähnchen eingeschraubt wird. Wenn man aus den vorgenommenen Messungen Schlüsse über die Druckverhältnisse ziehen will, so ist es unbedingt erforderlich, die Messungen regelmäßig vorzunehmen.

Durch die Druckmessungen ist man nicht allein imstande, etwa unberechtigten Klagen von Konsumenten zu begegnen, sondern man kann sich früh genug ein Bild machen, wo und auf welche Weise eine Verstärkung des Netzes vorzunehmen ist. Bei einem geordneten Rohrnetzbetrieb darf man nicht durch die Konsumenten auf zu geringen Druck aufmerksam gemacht werden, sondern der Aufsichtsbeamte muß selbst die Druckverhältnisse im Rohrnetz kennen, was nur durch solche regelmäßige Messungen möglich ist. In einem solchen Fall ist man imstande sagen zu können, ob die Klagen der Konsumenten nicht auf andere Ursachen zurückzuführen sind, wie:

zu enge Hausanschlußleitungen,
verstopfte Hausanschlußleitungen,
zu enge Brennerdüsen,
nicht in ordnungsgemäßem Zustand befindliche Beleuchtungskörper usw.

Nur an Hand dieser Messungen ist man in der Lage, zu stark belastete Rohrleitungen festzustellen. Etwaige Verstopfungen durch Naphthalin oder Wasseransammlungen lassen sich nur auf diese Weise ermitteln.

Bei Vornahme von Druckmessungen ist genau die Zeit und das Datum zu notieren und in einem Buch zusammenzustellen. Auf einen Plan sind die Standorte der betreffenden Laternen genau zu bezeichnen.

Es ist bei Vornahme solcher Messungen sehr ratsam, an einer oder an mehreren Laternen selbstregistrierende Druckmesser aufzuhängen. Die Druckmesser sind jeden Tag bzw. am Tage der Vornahme der Messungen an einer anderen Laterne anzubringen. Mit Hilfe dieser Druckdiagramme ist man in der Lage, genau feststellen zu können, wann die höchste Belastung eingetreten ist bzw. wie tief der Druck zu dieser Zeit gesunken ist. Die Messungen sind so vorzunehmen, daß jede Meßstelle immer zu derselben Zeit benutzt wird, da sonst eine Beurteilung ausgeschlossen ist.

Um sich ein überaus günstiges Bild über die Druckverhältnisse machen zu können, zeichnet man sich die Kurven gleicher Druckhöhen auf, wie es auf Tafel 6 dargestellt ist. An Hand eines solchen Planes kann man direkt diejenigen Stadtgebiete erkennen, wo der niedrigste Druck, bei steigender Beanspruchung des Rohrnetzes, bald seine höchste zulässige Grenze erreicht hat.

Die Schnittpunkte der Kurven mit den Straßenzügen werden durch Interpolation gefunden. Zuweilen dürfte die Aufzeichnung der Druckhöhen nötig sein.

Sonstiges.

Des weiteren gehört zu den laufenden Arbeiten auch das Auspumpen der Wassertöpfe. Je nach den gemachten Erfahrungen sind diese mittels einer Saugpumpe zu entleeren. Zu diesem Zweck wird die Pumpe auf das Saugrohr des Wassertopfes aufgeschraubt. Die Wassertöpfe in der Nähe des Gaswerkes bedürfen einer öfteren Entleerung.

Vor Anfang eines jeden Winters sind die Deckel der Wassertöpfe einzufetten, damit sich diese bei Frostwetter leicht öffnen lassen.

Lageplan
der Stadt Bernau.

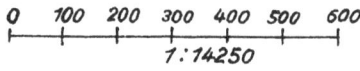

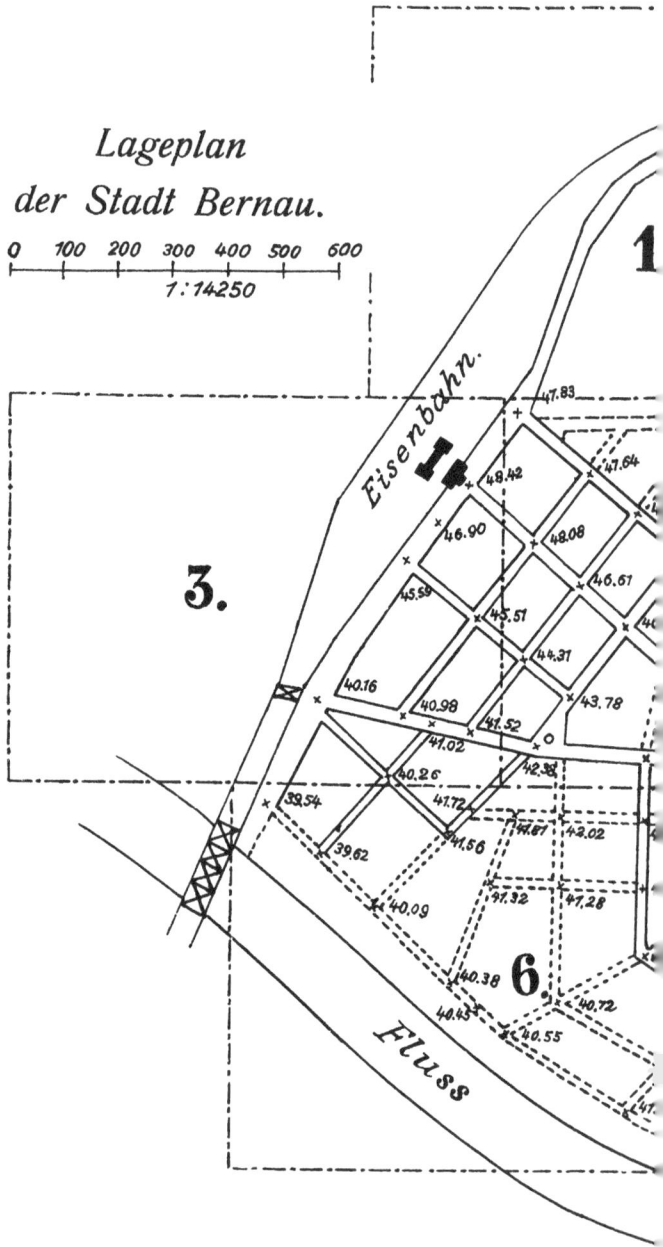

0 100 200 300 400 500 600

1 : 14250

Eisenbahn.

Fluss

3.

1.

6.

47.83
47.64
48.42
46.90
48.08
45.59
46.67
45.51
44.31
40.16
43.78
40.98
41.52
41.02
42.38
40.26
41.72
39.54
41.67 43.02
39.62
41.56
40.09
41.32 47.28
40.38
40.43
40.72
40.55

2.

5.

7.

47.84
48.28
52
47.36
48.66
47.08
48.72
48.66
48.68
47.49
46.67
46.58
46.64
46.02
45.57
45.02
45.85
45.02
45.38
45.47
44.36
44.76
44.28
42.92
43.36
43.07
42.02
43.15
41.96
41.67

Verlag von R. Oldenbourg, München und Berlin

Spezifische
Belastungen in den
Strafsenzügen.

Eisenbahn.

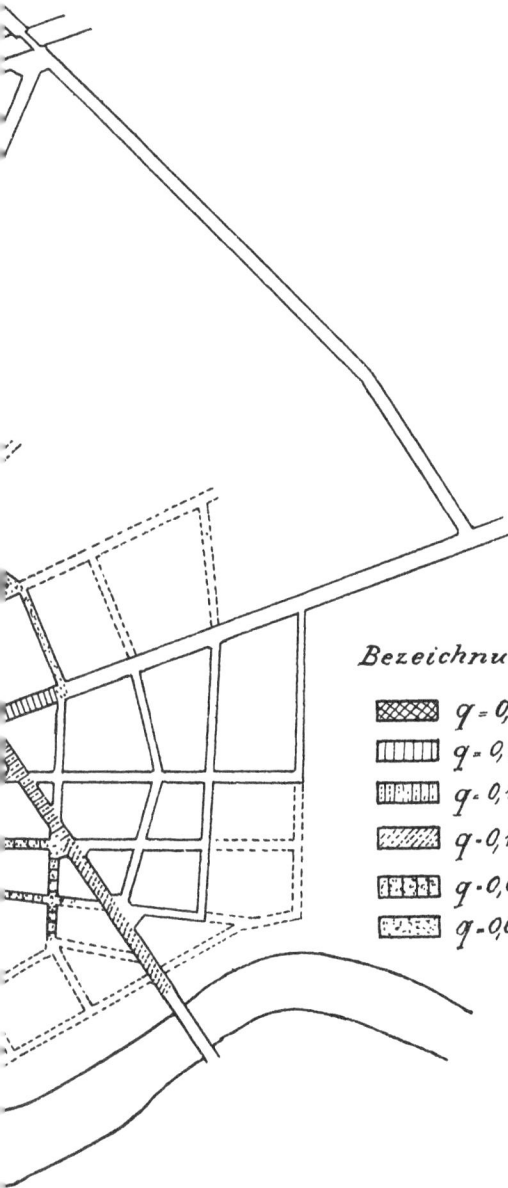

Bezeichnungen.

▨▨▨	$q = 0,20$ Stdcbm.
▥▥▥	$q = 0,17$ "
▦▦▦	$q = 0,13$ "
▨▨▨	$q = 0,10$ "
▦▦▦	$q = 0,07$ "
▨▨▨	$q = 0,04$ "

Verlag von R. Oldenbourg, München und Berlin

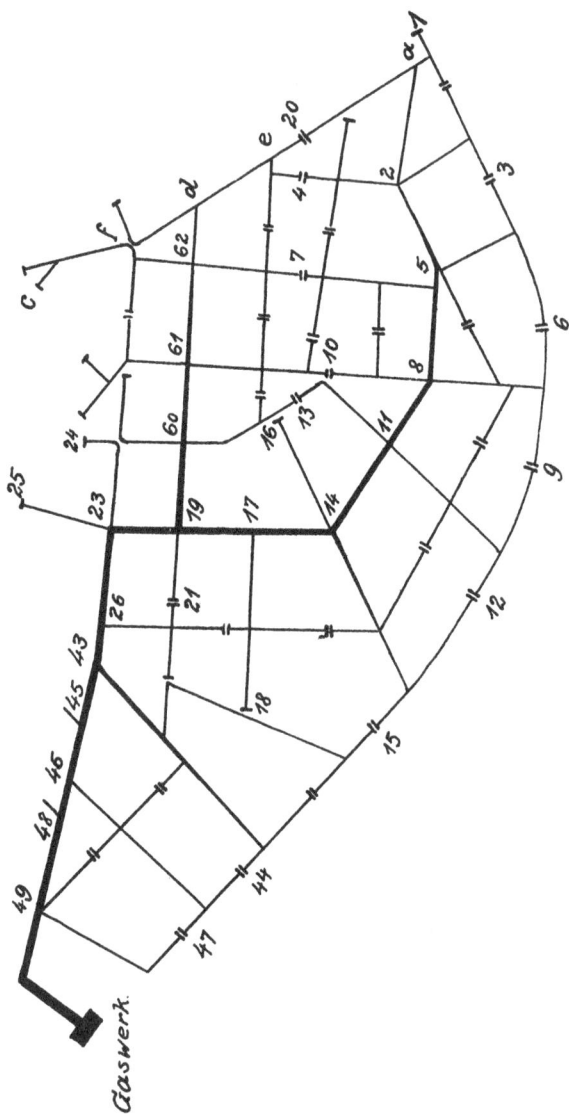

I. Versorgungszone.

1:12500

1:12500

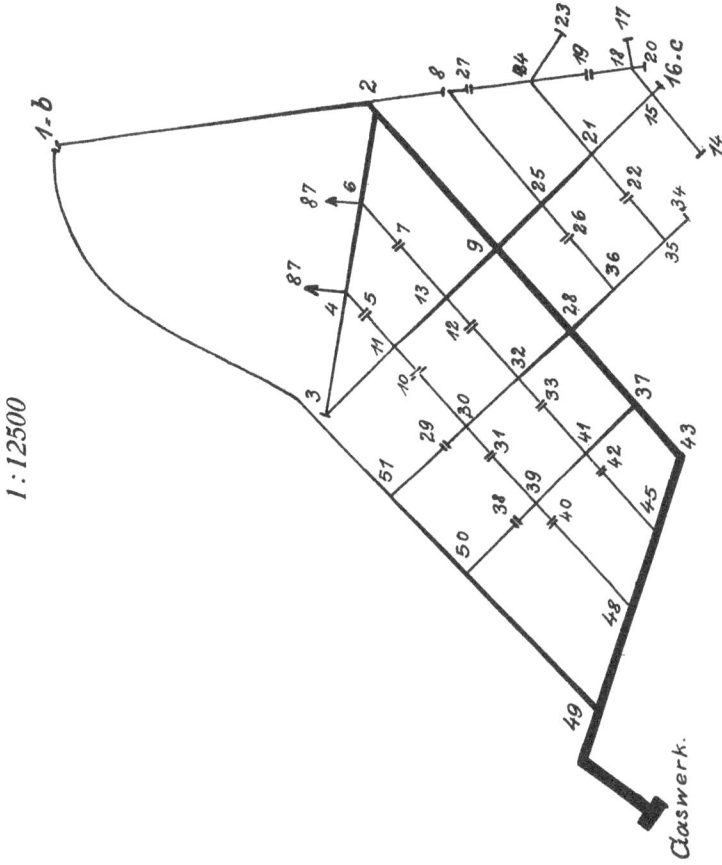

Glaswerk.

Verlag von R. Oldenbourg, München und Berlin

Übersichtsplan

des

Gasrohrnetzes.

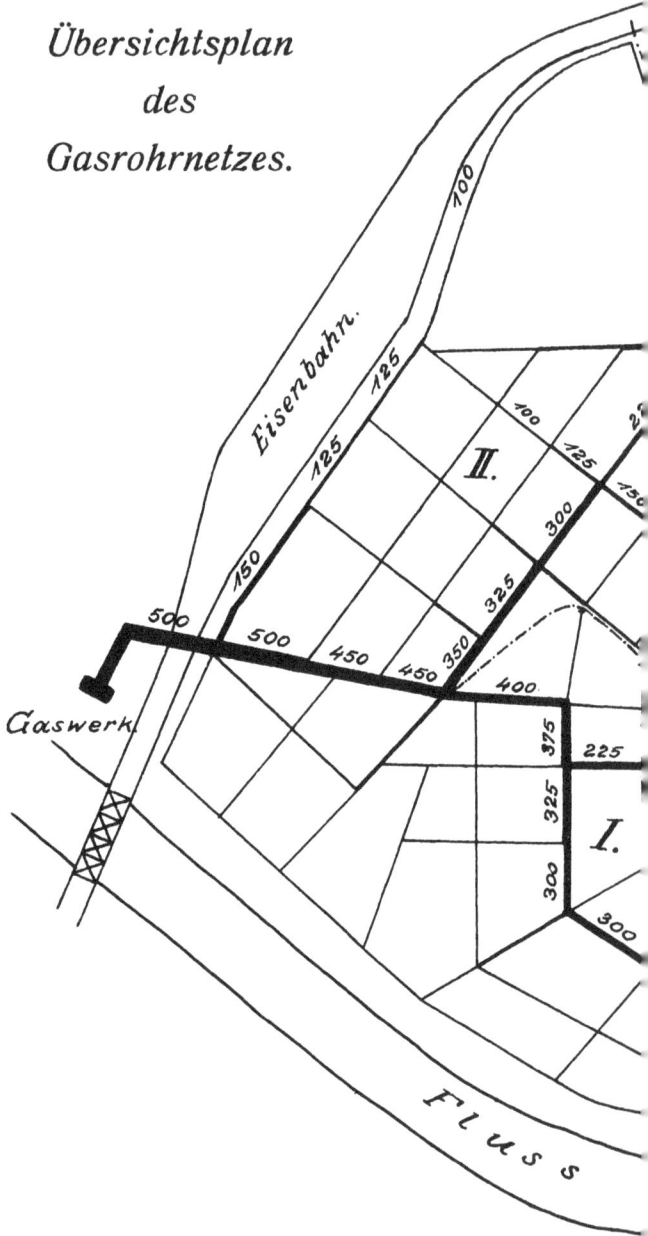

Später auszubauende

Versorgungszone.

III.

Später auszubauende

Versorgungszone.

IV.

Die eingetragenen Zahlen
sind die rechnerisch er-
mittelten Rohrdurchmesser.

Verlag von R. Oldenbourg, München und Berlin

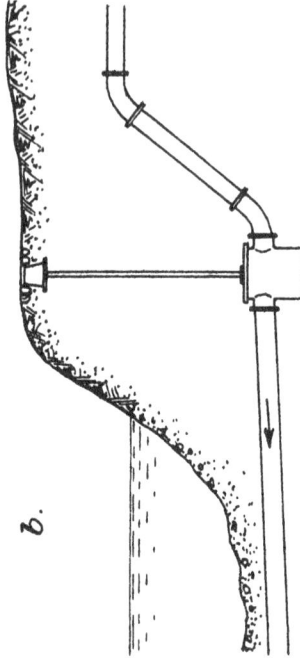

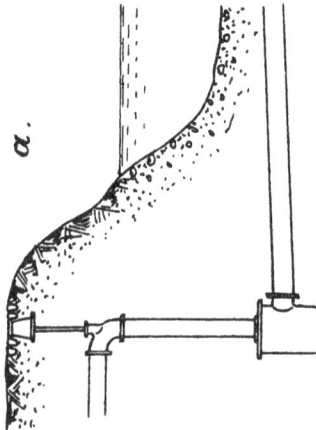

Flufsdüker.

b.

a.

Gefälle

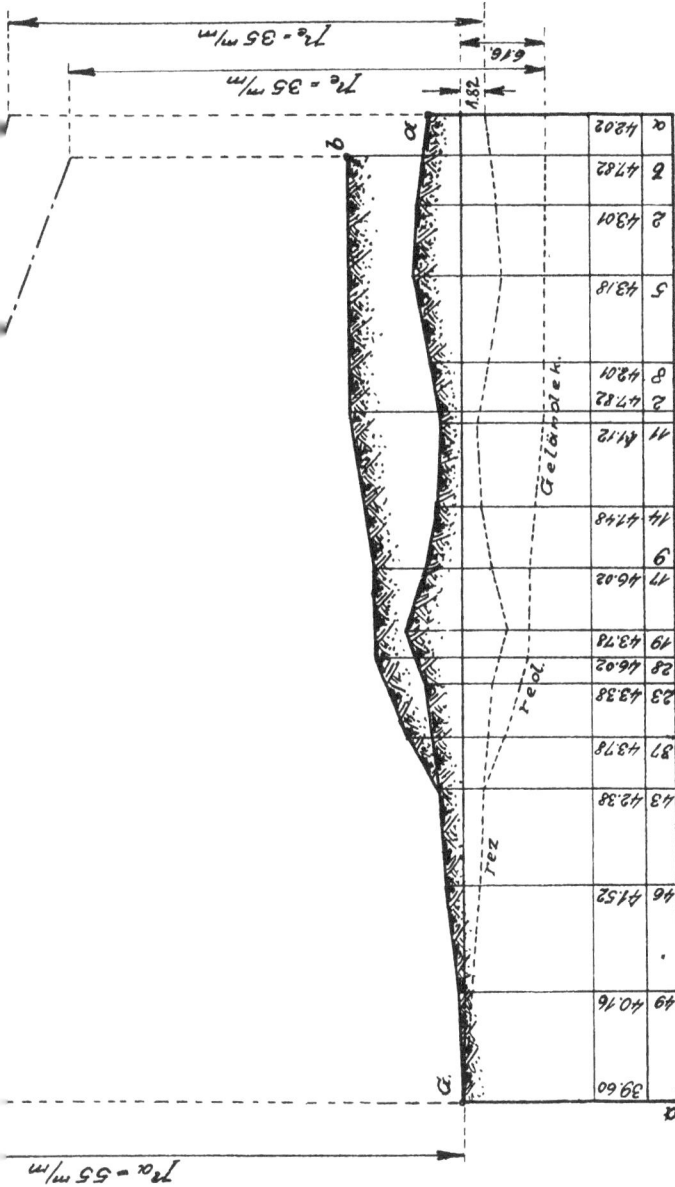

Verlag von R. Oldenbourg, München und Berlin

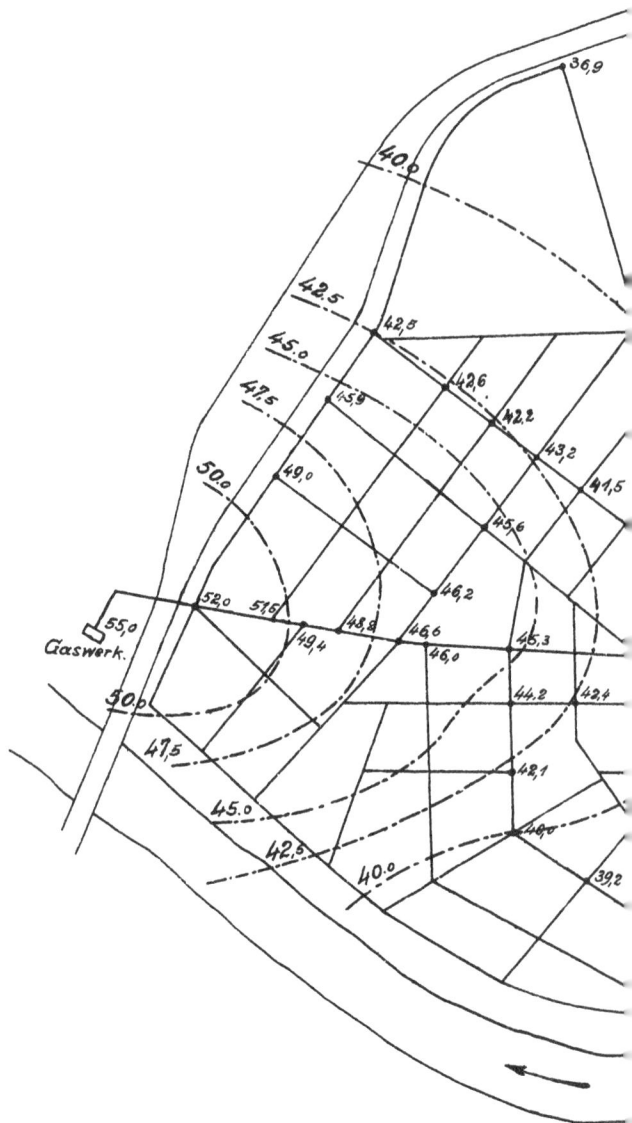

Druckhöhenkurven des Gasrohrnetzes.

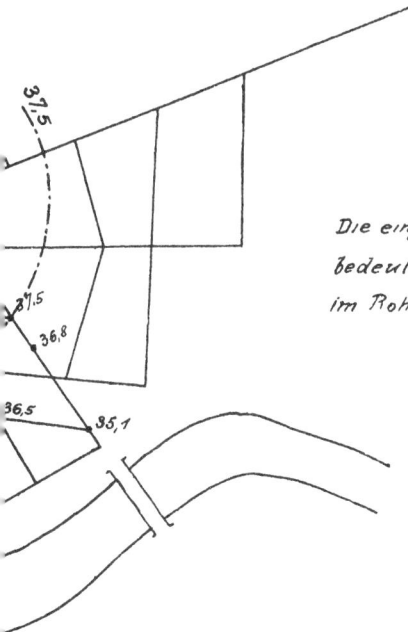

Die eingetragenen Zahlen bedeuten die Druckhöhen im Rohrnetz (in $^m/_m$)

37,5

37,5

36,8

36,5

35,1

Verlag von R. Oldenbourg, München und Berlin

Leistungs-Druckverlust und Reibungskoeffizienten
kurve von Ferngasleitungen.

Berechnet nach Gleich. 47; 43 bezw. 1 für . d = 80 u. 100 mm

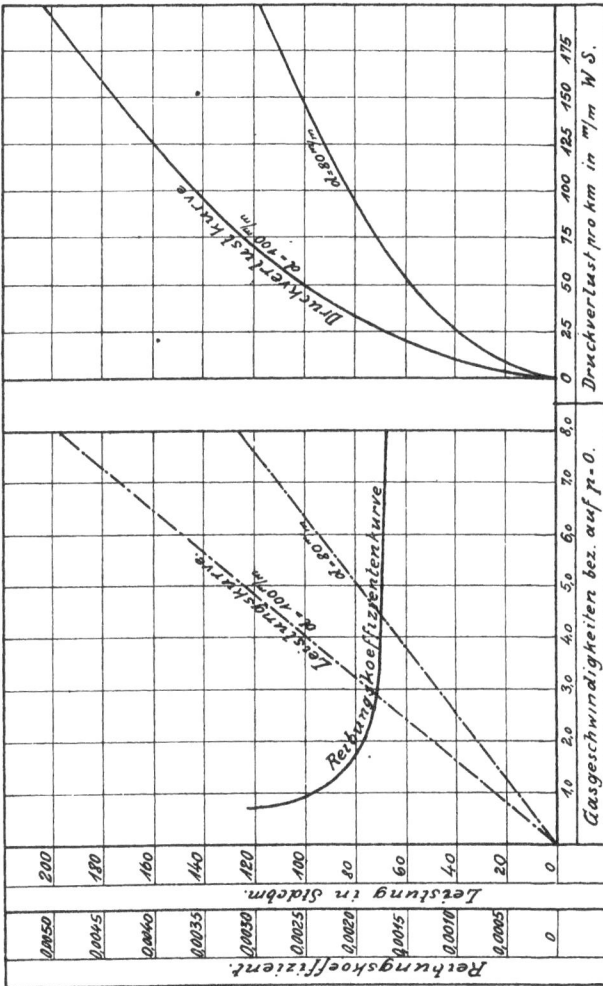

Verlag von R. Oldenbourg, München und Berlin

Kostendiagramm.

(Rohr-, Maschinen- und Betriebskosten)

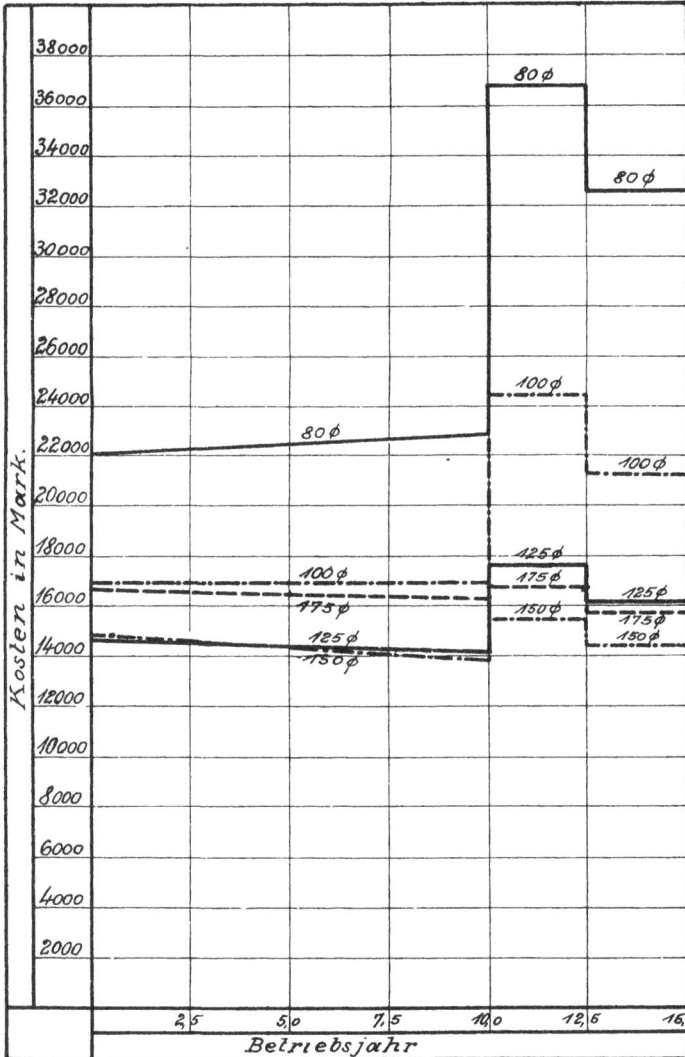

Kosten in Mark.

Betriebsjahr

Verlag von R. Oldenbourg, München und Berlin

R. Oldenbourg, Verlag, München u. Berlin

JOURNAL FÜR GASBELEUCHTUNG
UND VERWANDTE BELEUCHTUNGSARTEN
SOWIE FÜR
WASSERVERSORGUNG
Organ des Deutschen Vereins von Gas- u. Wasserfachmännern

Herausgegeben von

Dr. H. Bunte
Geheimer Rat, Professor an der Technischen Hochschule Karlsruhe

56. Jahrgang 1913. Die Zeitschrift erscheint wöchentlich
Preis für den Jahrgang Mk. **20.**—; halbjährlich Mk. **10.**—

Das „Journal für Gasbeleuchtung und verwandte Beleuchtungsarten sowie für Wasserversorgung", Organ des Deutschen Vereins von Gas- und Wasserfachmännern, steht nun in seinem 56. Jahrgange. Es behandelt nicht nur die Kohlengasbeleuchtung und Wasserversorgung in ihrem ganzen Umfange, sondern gibt auch eingehende Informationen über die verwandten Beleuchtungsarten, Azetylen, Petroleum, Spiritusglühlicht, Luftgas sowie elektrische Beleuchtung. Auch die Hygiene wird in gebührender Weise berücksichtigt. Das „Journal für Gasbeleuchtung und verwandte Beleuchtungsarten" ist auf diesem Gebiete unbestritten das erste und führende Organ. Es bedarf keiner weiteren Empfehlung.

Probenummern stehen kosten- und portofrei zur Verfügung